㉓ 거창군 거창읍
거창 발전 자양분 된 헌신

⑯ 합천군 용주면
화백도 반한 풍경

⑱ 의령군 정곡면 장내마을
마음 걸림 없이 걷는 길

⑥ 창녕군 우포늪
광활한 습지의 위대함

⑭ 함안군 함안면
선비들 거닐던 무진정 연못

⑦ 밀양시 내일동·내이동
가야 흔적부터 항일 운동까지

⑬ 양산시 물금읍
요즘 동네 요즘 감성

경남 동네여행

㉒ 김해시 관동동
율하천 따라
문화공간

⑤ 김해시 봉황동
복고와 '힙'한
감성의 만남

⑫ 함양군 지곡면
고택의 아름다움

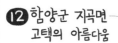
③ 산청군 원지
(신안면 하정리)
가치를 공유하는 곳

⑳ 창원시 의창구 도계동
도심 속 카페골목

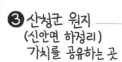
④ 진주시 망경동
세월 머금은 골목길

❶ 창원시 성산구 사파동
조용한 주택가에서
만나는 문화공간

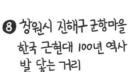

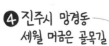
⑲ 진주시 문산읍
기차소리 저문 곳

⑧ 창원시 진해구 군항마을
한국 근현대 100년 역사
발 닿는 거리

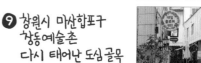

⑨ 창원시 마산합포구
창동예술촌
다시 태어난 도심 골목

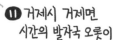

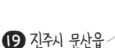
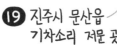
㉔ 하동군 악양면
바쁜 일상 속 쉬어가는 하루

(지도)
거창군
함양군 합천군 창녕군
밀양시
산청군 의령군 양산시
함안군 김해시
진주시 창원시
하동군 사천시
고성군
남해군 통영시 거제시

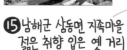
⑮ 남해군 삼동면 지족마을
젊은 취향 입은 옛 거리

㉕ 남해군 남해읍
고목 아래 젊은 감성 활짝

⑩ 사천시 삼천포 해안
그리움 품은 항구변 매력

⑰ 고성군 동해면
고대역사 잠든 뭍

② 통영시 봉평동
소박한 벚꽃길의 아름다움

㉑ 통영시 정량동
걸어가는 나폴리

⑪ 거제시 거제면
시간의 발자국 오롯이

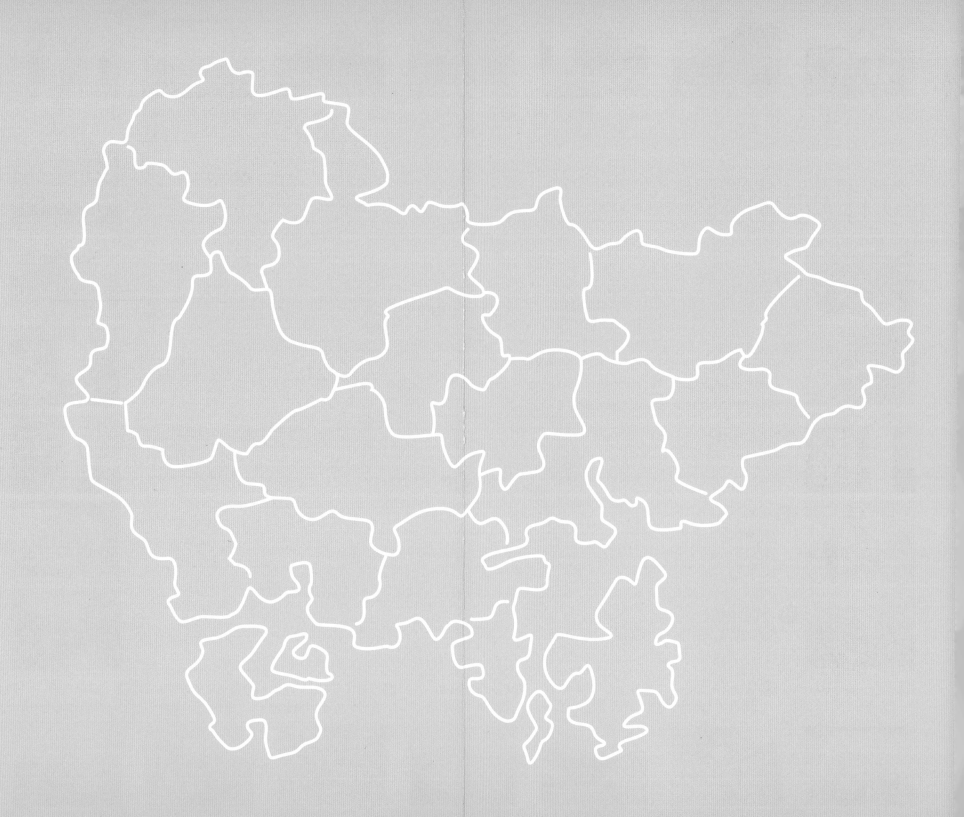

경남 곳곳에 숨은 색다른 동네 이야기

경남
동네여행

이서후 · 김민지 · 김해수 · 최석환 지음

초판 1쇄 발행 2020년 12월 11일

지은이   이서후 · 김민지 · 김해수 · 최석환
일러스트   서동진
펴낸이   구주모

편집   송은정
유통·마케팅   정원한
펴낸곳   경남도민일보
주 소   (우)51320 경상남도 창원시 마산회원구 삼호로38(양덕동)
전 화   (055)250-0117
홈페이지   www.idomin.com
블로그   peoplesbooks.tistory.com
페이스북   www.facebook.com/pepobooks

이 책은 **경남문화예술진흥원**의 지원을 받아 제작되었습니다.
이 책의 저작권은 **경남도민일보**에 있으며 저작권법에 의해 보호를 받는 저작물이므로 무단전재 또는
일부복제를 금합니다.
책 가격은 뒷표지에 있습니다.

ISBN   979-11-86351-33-8(03980)

이 도서의 국립중앙도서관 출판예정도서목록(CIP)은 서지정보유통지원시스템 홈페이지(http://seoji.nl.go.kr)와
국가자료공동목록시스템(http://www.nl.go.kr/kolisnet)에서 이용하실 수 있습니다. (CIP제어번호 : CIP2020052401)

경남 곳곳에 숨은 색다른 동네 이야기

경남 동네여행

창원시 성산구 사파동 / 통영시 봉평동 / 산청군 원지 / 진주시 망경동 / 김해시 봉황동 / 창녕군 우포늪 / 밀양시 내일동·내이동 / 창원시 진해구 군항마을 / 창원시 마산합포구 창동예술촌 / 사천시 삼천포 해안 / 거제시 거제면 / 함양군 지곡면 / 양산시 물금읍 / 함안군 함안면 / 남해군 삼동면 지족마을 / 합천군 용주면 / 고성군 동해면 / 의령군 정곡면 장내마을 / 진주시 문산읍 / 창원시 의창구 도계동 / 통영시 정량동 / 김해시 관동동 / 거창군 거창읍 / 하동군 악양면 / 남해군 남해읍 /

경남 곳곳에 숨은 색다른 동네 이야기

경남 동네여행

경남 곳곳에 숨은
색다른 동네 이야기

변화하는 동네 풍경과
공간을 만드는 사람들의 이야기

코로나19가 세상을 바꾸어 놓았다. 마스크 착용은 필수, 온라인과 비대면 활동이 대세가 됐다. 그리고 이전 당연하게 받아들였던 평범하고 일상적인 삶이 얼마나 소중한 것인지를 깨닫는 계기가 됐다.

코로나19가 낳은 의미 있는 변화 중 하나는 '동네의 재발견'이다. 사회적 거리두기로 원거리 이동과 대형 실내 공간 방문이 어려워지면서 사람들은 우리가 사는 동네에 관심을 두기 시작했다. 동네 가게를 방문하고 지역 화폐로 결제하는 사람이 늘고 우리 지역에서 나는 로컬 푸드를 찾고 지역을 기반으로 한 중고 거래와 동네 온라인 커뮤니티가 활성화되고 있다.

〈경남도민일보〉는 우리가 사는 동네와 동네 문화, 동네 사람들에 주목했다. 이제 동네가 브랜드고 브랜드가 된 동네가 지역 발전을 이끈다. 동네에는 지형, 역사, 사람에 따라 동네 특유의 분위기가 발산된다. 그게 곧 동네 문화다.

동네에는 사람들의 이야기가 있다. 터줏대감처럼 동네를 지켜온 사람들, 도시에서 시골 동네로 이사 온 사람들의 이야기가 녹아있다.

〈경남도민일보〉 문화부 기자들이 경남지역 18개 시군의 동네와 그 가치를 발견하는 기획기사를 썼다.

거창하지 않지만 소소한 즐거움, 일상의 소중함, 우리 동네의 가치를 일깨워주는 우리 지역 동네 문화의 스토리텔링을 시작한 것이다. 좀 더 많은 사람들이 지역, 동네를 이야기하길 바라는 바람과 함께 말이다.

책은 한 지역의 동네를 좀 더 깊게 경험해본다는 콘셉트다. 온라인에서 제공하지 못하는 오프라인의 감성과 경험, 색다른 체험과 공감을 원하는 사람들에겐 특별하다.

조용한 주택가에 자리 잡은 독립서점, 카페, 식당 등 작지만 개성 있는 공간들이 은근하게 인기다. 개성과 취향을 공유하고픈 젊은이들을 중심으로 새로운 문화 소비 경향이 확대되는 분위기와 결을 같이한다. 유명 관광지와는 다른 소소한 동네 여행의 즐거움을 함께 느껴볼 수 있게 구성했다.

변화하는 동네 풍경과 더불어 동네를 지키는 사람들, 공간을 만드는 사람들의 이야기를 담았다. 그럼 시작해볼까.

1

📍

창원시
성산구 사파동

"책방·카페 등 친숙한 공간들이 많고
집집마다 화단 구경하는 재미가 있는 곳"

조용한 주택가 문화공간서
잔잔한 여유를

사파동은 품질 좋은 쌀이 많이 난다는 뜻의 '쌀밭들'에서 나온 이름이다. 비음산이 달을 토한다는 뜻의 토월이란 법정동 이름도 멋지다. 최근 비음산 아래로 창원지방법원과 검찰청까지 이어진 주택가에 한창 아기자기하고 재밌는 공간들이 들어서고 있다. 창원축구센터 앞 도로변은 이미 나름의 카페 거리가 형성돼 있기도 하다.

창원 사파동 여행은 창원축구센터 앞 도로를 중심으로 'ㄷ' 자를 그리는 여정이다. 출발지는 사파동 동네책방인 '주책방'이다. 2020년 6월 3일 개업 1주년을 맞은 새내기 책방이지만 창원에서는 꽤 유명한 독립서점이다.

'주책방' 1층 출입문을 열고 들어가니 반지하로 이어지는 나무 경사로가 인상적이다. 천천히 내려가면 정면으로 책 진열장이 있고, 중앙에는 커다란 테이블이 놓여 있다.

창원 사파동 동네책방 주책방.

창원축구센터 앞 도로변 카페거리.

오른쪽으로 내부에도 조용히 책을 읽을 수 있는 공간이 있다.

뭐니 뭐니 해도 주책방 최고 매력은 '친화력 대장'인 사장님이다. 누구든 편하게 해주는 특유의 말솜씨에 한 번도 안 온 사람은 있어도 한 번만 오는 사람은 없을 듯싶다.

주책방을 나와 창원축구센터 방향으로 걸어본다. 사파고 담벼락 위로 우거진 벚나무는 지금은 푸르름을 뽐내고 있지만, 봄이 되면 벚꽃잎을 흩날리며 또 다른 정취를 선물할 테다. 축구센터 앞을 지나는 큰도로에 다다라 왼쪽으로 돌면 이곳부터 사파교차로까지 카페 거리다. 보라색 라벤더가 인상적인 '라메드', 동네 이름을 딴 '카페 사파동', 앤티크틱한 느낌의 '카페 Unn' 등이 줄이어 있다. 지금 공사 중인 곳도 있으니 앞으로 카페가 더 생길 것 같다.

　사파교차로를 지나면서부터는 주택가다. 지루할 법한 여로를 다채롭게 하는 건 화단이다. 집마다 대회라도 여는 듯 개성을 살린 정원을 뽐내고 있다. 어느 집 화단에 핀 수국을 보니 새삼 여름이 왔음이 느껴진다.

　눈으로 계절을 즐기다 보니 '무하유無何有'란 공간에 도착한다. 2층 주택 지하에 있는 공간이다. 알루미늄 미닫이문을 열고 내려가니 뜻밖에 환한 공간이다. 작은 창으로 오후 햇살이 쏟아져 들어오고 있었기 때문이다. 빛이 그린 풍경이 따스하다.

　이곳은 독립서점 '업스테어'와 빈티지 옷가게 '리틀 버드 빈티지' 그리고 '한 점'이란 갤러리가 공간을 공유하고 있다. 세 곳이 함께 음악회, 시 낭독회 등 다양한 문화 행사를 열기도 한다.

호주 감성을 담은 '피콜로라떼'

무하유에서 50m가량 더 들어가니 카페 4~5곳이 모여있는 블록이 나온다. 막다른 길에서 다시 한 번 왼쪽으로 돌면 카페 겸 문화공간 '카페 문호', 그리고 도착지인 '피콜로라떼'가 있다. 호주식 커피전문점 피콜로라떼는 인테리어에서부터 '호주 갬성'이 풍기는 듯하다.

부드럽고 진한 맛이 특징인 호주식 커피도 반응이 좋지만, 재료가 풍부하게 들어간 샌드위치도 인기 메뉴다. 동네를 여행하다 출출하면 간단히 배를 채워도 좋겠다. '공무원 카페'라 불리기도 한다. 공무원이 많이 찾아서가 아니라 오전 8시부터 오후 5시까지만 운영시간을 철저히 지키기 때문이다.

주책방에서 피콜로라떼까지 거리는 1.4km다. 걸음을 빨리하면 20분이면 모두 돌아볼 수 있지만, 조용한 주택가에 보물처럼 숨은 문화공간과 주민들의 남다른 노력이 담긴 정원들을 느긋이 구경해보기를 추천한다. 바삐 지날 때는 알 수 없는 잔잔한 여유를 만날 수 있을 테니.

지루할 법한 여로를
다채롭게 하는 건 화단이다.
집마다 대회라도 여는 듯
개성을 살린 정원을 뽐낸다.

"아직 발견되지 않은
무언가가 많은 동네"

주선경 주책방 대표

마침 책방을 찾은 날이 '주책방'이 문을 연 1주년(6월 3일)이었다. 책방은 아이를 낳고 육아를 하면서 직장을 그만둔 주선경(37) 씨가 진짜 하고 싶은 일이 무얼까 하는 고민 끝에 자신이 사는 동네에 차린 독립서점이다.

독립서점이란 게 동네 사람들에게는 꽤 낯설었지만, 사회관계망서비스(SNS)로 소식을 전하고 독서모임도 꾸준히 열면서 소통을 했더니 어느새 단골손님이 꽤 생겼다. 비결을 묻자 주 씨는 "아무래도 사장이 다정해서 그렇지 않을까요"라며 호탕하게 웃었다. 이 말마따나 그녀는 책을 사러 온 손님을 편안하게 해준다. 이웃집 언니 같은 느낌이랄까.

주책방은 시·소설·에세이·그림책들이 주를 이룬다. 책들은 책방지기가 직접 읽고 좋았던 책, 읽고 싶은 책들로 꾸몄다.

주 씨는 책방 첫 돌을 맞아 이웃들과 재밌는 일을 벌였다. 오전의 화실, 달빈공방 주인에게 제안해 손님들에게 줄 파우치와 에코백을 만들었다. 주 씨에게 사파동은 어떤 매력이 있을까.

"생각보다 동네가 커요. 비음산, 법원도 있고 최근 들어 화실이나 공방, 핫한 카페도 생기고 있고요. 아직 발견되지 않은 무언가가 많은 동네죠."

"사파동은 원주민이 많고 정이 넘치는 곳"

박봉기 카페 사파동 대표
창원축구센터 앞 카페 거리에 있는 '카페 사
파동'은 지난 2017년 4월 문을 열었다. 조각가
박봉기(55·사진) 씨가 운영하는 곳이다.
박 씨가 굳이 사파동을 카페 이름으로 내건 이유는
사파동이란 발음이 독특하기도 했고, 사파동 자체가 좋았기 때문이
다. 아파트 생활을 오래한 그는 땅을 밟을 수 있는 주택이 그리웠고
한적하고 여유로움이 넘치는 동네를 원했다. 그게 사파동이었다.
카페 곳곳에서는 그의 손길이 묻어난다. 자연 속에서 예술을 표현하
는 그답게 나무가 많고 벽에는 예술작품이 걸렸다.
박 씨는 사파동의 매력에 대해 "원주민이 많고 사람들이 정이 넘친다"
고 말했다. 그는 "카페 처음 문을 열었을 때 '우리 동네에 온 걸 환영
한다'며 돈 봉투를 건넨 어른도 있고 고맙더라고
요. 또 주택가를 걷다 보면 집주인의 개성이
묻어나는 화단도 많고요. 언젠가는 동네 분
들끼리 '화단 가꾸기' 품평회 같은 걸 열고 싶
어요"라고 말했다.

2

📍

통영시 봉평동

"용화사거리에서 용화사 벚나무길까지
미술관·책방 중심 여행객 북적…
위로 가면 복고풍 거리가게들"

요즘 대세 아랫마을과
예스러운 윗마을 공존

통영 미륵산 등산로 가는 길에 있는 봉평동이 최근 통영 여행 명소로 떠오르고 있다. 전혁림미술관과 봄날의 책방을 중심으로 여행객들이 늘어나면서 주변으로 아기자기하고 개성 있는 카페와 식당들이 속속 생기기 시작했다. 주민들과 등산객이 오가던 봉수로가 어느새 젊은 이들이 많이 찾는 예쁜 거리로 변신했다.

봉평동의 옛 지명은 봉수동蜂燧洞, 토박이말로는 봉숫골인데, 봉수가 있는 마을이란 뜻이다. 여기서 봉수는 미륵산에 있는 봉수대를 말한다. 주민들에게는 이 봉숫골이란 이름이 더 친숙하다.

통영 봉숫골은 4월이면 벚나무 가로수가 꽃망울을 터뜨려 벚꽃터널이 장관을 이루는 명소다. 용화사거리에서 시작해 봉평주공아파트 지나 용화사 주차장까지 600m 정도 되는 벚나무 길을 따라 걸어봤다.

시작은 '전혁림미술관'이다. 봉숫골은 2015년 '전혁림 거리'로 지정되기도 했다. 미술관은 전혁림이 30년 넘게 생활한 집을 허물고 그 자리에 신축해 2003년 개관했다. 전혁림과 아들 전영근 작가 작품을 타일로 제작해 장식한 미술관은 그 자체로 하나의 작품이다.

미술관 옆 '봄날의 책방'은 봉숫골이 문화 거리로 이름을 알리는 데 결정적인 역할을 했다. 2014년 문을 연 봄날의 책방은 요즘 유행하는 동네책방의 시조격으로 당시 '대한민국에서 가장 작은 책방'으로 불리며 많은 사랑을 받았다. 지금은 공간을 확장해 서적뿐 아니라 지역 예술문화인이 기획하고 창작한 작품을 전시, 판매하고 있다.

통영 봉숫골 '전혁림 미술관'. 봉숫골은 2015년 '전혁림 거리'로 지정되었다.

동네책방의 시조격인 '봄날의 책방'

　서점에서 나와 왼쪽으로 걸으면 봉숫골 한가운데를 가로지르는 봉
수로다. 왕복 2차로 양쪽으로 가게들이 자리하고 있다. 오른쪽 코너를
돌자 맛있는 튀김 냄새가 코를 자극한다. 텐동집 '니지텐'이다. 평일 점
심 시간인데도, 가게 밖으로 기다리는 손님이 많다. 니지텐 주변으로
아기자기한 카페와 사진관, 공방, 식당이 보인다.

　가게들을 구경하며 걷다 보니 '찜 거리'가 나왔다. 과거 '찜 거리'라고
불릴 만큼 많았던 찜집은 이제 6~7곳 정도만 남았다. 찜집 사이에 자
리한 느티나무 보호수는 너른 가지로 그늘을 만들어 쉼터를 제공하고
있다.

　봉평주공아파트부터는 분위기가 달라진다. 레트로^{복고풍} 감성 간판의
'진이용원', '조희미용실' 앞에는 동네 어르신들이 모여 담소를 나누고
있다. 원주민과 오래된 가게들이 여전히 자신들만의 삶을 살아가고 있
었다.

수령 120년이 넘은 봉숫골 당산나무와 그옆으로 이어진 찜 식당.

오래된 이용원이 있는 풍경.

용화사에 가까워지니 공영주차장 표시가 보인다. 용화사와 미륵산 단체 관광객들을 위한 곳이리라. 한정식집과 보리밥집, 오리고깃집은 이곳 방문객 성격이 아래쪽과는 다르다는 것을 보여준다.

미술관에서 용화사 입구까지 그리 긴 거리는 아니지만 미술관, 책방, 사진관, 카페 등 다양한 문화 공간이 알차게 들어서 있다. 메인 거리에서 뻗어나간 골목에도 이색적인 공간들이 있으니 놓치지 않도록!

무엇보다 이 동네 매력은 과거와 현재가 공존한다는 점이다. 동네가 유명해져서 새로운 가게들이 들어서면 원주민이 설 자리를 잃어버리기도 한다. 하지만 이곳은 원주민과 이주민이 조화를 이루며 다채로운 매력을 뿜어내고 있다.

용화사 입구까지 갔다가 돌아오면서 예스러운 윗마을과 트렌디한 아랫마을 분위기를 비교해봐도 재미있겠다.

브런치 카페 릴리봉봉.

벚꽃 핀 봉숫골 거리.

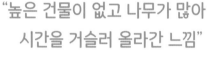

"높은 건물이 없고 나무가 많아
시간을 거슬러 올라간 느낌"

복합공간 내성적싸롱 호심

밥장 내성적싸롱 호심 대표

봄날의 책방을 지나 골목을 따라 걷다 보면 멋진 정원과 통유리가 인상적인 주택이 보인다. 일러스트레이터이자 여행작가인 밥장(본명 정석원·50)이 만든 복합공간이다.

서울토박이인 그는 몇 년 전 할아버지와 아버지의 고향 통영에 정착했고 김안영 화가가 40년 동안 산 집을 고쳐 2019년 9월 내성적싸롱 호심을 열었다. 호심이라는 이름은 1950년대 이중섭·유강렬·장윤성·전혁림이 4인전을 열었던 통영 호심다방에서 따왔다.

밥장이 말하길 이곳의 콘셉트는 '새로운 경험'이다. 그는 "통영 시민에겐 평소 접하기 어려운 외부 강연과 전시를 만날 기회를, 관광객들에겐 통영을 새롭게 보는 기회를 제공한다"고 말했다.

내성적싸롱 호심 1층은 사람들이 커피, 음료, 맥주를 마실 수 있는 공간이며 2층에선 강연, 모임이 열린다.

밥장은 봉평동이 좋은 이유에 대해 "높은 건물이 없고 나무가 많아 편안하고 시간을 거슬러 올라간 느낌"이라고 말했다. 이어 그는 "동네가 지닌 원형에 미술관, 책방, 절, 찜골목, 카페 등이 어우러져 있고 요즘 점점 더 문화적이고 재미있는 가게들이 생기고 있다"고 말했다.

"통영 중 많이 바뀌지 않은 동네"

봉숫골의 '봉'자가 들어간 '릴리봉봉' 카페

김지영 릴리봉봉 대표

전혁림미술관 뒤 주차장 근처에 있는 릴리
봉봉. 뒷골목을 따라 조금만 걸으면 하얀
외벽에 보라색으로 포인트를 둔 건물이 보인
다. 이곳은 2020년 3월 문을 연 브런치 카페 릴리
봉봉이다. 원래 주택이던 곳을 고쳐서 그런지 가정집 같은 포근한 느
낌이다. 어릴 적 친구 집에 놀러 가면 신발을 벗고 거실에 들어가는 것
처럼, 순간 신발을 벗고 들어가야 할지 망설였다.

릴리봉봉 주인장은 통영 출신 김지영(44) 씨다. 그의 이력이 독특하다.
물리치료사 출신이다. 그는 타지에서 살다가 통영이 좋아 다시 고향에
서 제2의 인생을 살기로 했다.

그런데 왜 이름이 릴리봉봉일까. 뭔가 그럴싸한 이유가 있다고 생각했
는데, 뜻밖에 간단하다. 김 씨는 "봉숫골 '봉' 자가 들어가면 좋겠다고
생각했고 의식의 흐름대로 짓다 보니 그렇게 됐다"고 했다.

이곳은 샌드위치, 샐러드, 커피, 음료, 맥주 등을 판다. 음식이 대체적
으로 건강하고 담백하다.

김 씨가 많은 동네 중 봉평동에 가게를 차린 이유에 대해 "통영 중 많
이 바뀌지 않은 동네"라고 말했다. 그래서 그는 "편안하다"며 "브런치
카페를 만들 때도 동네 분위기처럼 사람들이 편안하게 책도 읽고 편
안하게 차를 마실 수 있는 공간을 만들고 싶었다"고 말했다.

3

📍 산청군 원지

"강 따라 성철 스님 순례길,
대나무숲 등 시원한 풍광이 좋은 곳
근처 빵집·농특산물 판매장도…"

걷기만 해도 기분 좋은 강변에
젊은 감각은 덤

산청 원지는 경호강^{鏡湖江}이 백마산과 적벽산 자락을 끼고, 양천강과 합류하는 두물머리에 자리 잡은 오랜 교통요충지다. 신안면사무소 소재지로 행정구역상으로는 신안면 하정리지만 주민들은 그냥 '원지^{院地}'라고 부른다. 조선시대 역참 제도 중 공무용 숙소인 '원^院'이 있던 곳이란 뜻이다. 원래도 산청 읍내만큼이나 번화한 곳이지만, 최근 이곳으로 귀촌하는 이들이 늘어나면서 젊고 활기찬 시골 도시로 거듭나고 있다.

파란 하늘 아래로 펼쳐진 원지 강변에 서니 속이 뻥 뚫리는 듯하다.

먼저 양천강 건너 성철 스님 순례길을 걸어 보기로 한다. 주차장에서 순례길로 이어지는 잠수교에 들어섰다. 강을 가로질러 쭉 뻗은 다리 위로 낮은 산이 동그랗게 솟았다. 잠수교는 낚시 포인트로도 유명하다. 방문한 날도 햇볕이 뜨거웠지만 완전 무장한 낚시꾼들이 잠수교에서 낚싯대를 던지고 있었다.

순례길은 성철 스님 출생지인 겁외사와 단성교를 연결하는 7.8㎞ 대나무 숲길이다. 왼쪽으로는 대나무숲이, 오른쪽으로는 강이 펼쳐진다. 시원한 풍광과 상쾌한 공기에 걷기만 해도 건강해지는 기분이다.

짧은 순례길 체험 후 주차장 맞은편 '목화빵집'으로 발길을 옮겼다.

성철스님 순례길.

원지 강변에 나란히 있는 목화빵집과 원지강변로55. 둘 다 원지에서 유명한 곳이다.

목화빵집은 원지마을 귀촌인들의 사랑방 역할을 하는 곳이다. 가게 내부는 소박하다. 예약제로 운영하기 때문에 진열해놓은 빵 종류가 몇 가지 없다. 가게 안 유일하게 하나 있는 테이블에 앉아 창밖을 보니 강변이 훤히 보인다.

빵집과 이름이 같은 '목화장터'가 둘째·넷째 일요일 마다 원지버스정류소 뒤 소공원에서 열린다. 직접 생산한 농특산물과 수공예품, 집에서 쓰지 않는 물건을 판매하고 나누는 자율 장터로 이제는 원지 명물이 됐다. 다양한 문화공연도 즐길 수 있어 인근 진주, 하동 등지에서도 찾아온단다.

소공원 모퉁이에 있는 '농부애(愛)곳간'을 찾았다. 카페처럼 생긴 이곳은 지역 생산 농특산물을 판매하는 예비사회적기업이다.

이곳 주변으로는 6500원으로 푸짐히 배를 채울 수 있는 한식뷔페 '사랑채'를 비롯해 추어탕집, 횟집, 칼국수집 등이 모여 있다. 뭐니 뭐니 해도 단연 눈에 띄는 가게는 도시에서나 볼 수 있는 프랜차이즈 음식

지역 농산물을 판매하는 농부애ᐧ 곳간.

귀촌인들의 사랑방인
목화빵집 내부.

점 '맘스터치'다. 원지 거리를 돌아다니다 보면 이처럼 브랜드 카페나 식당을 제법 만난다.

농부애 곳간을 나와 원지버스정류소로 향했다. 산청은 물론 합천, 하동지역 주민도 많이 이용하는 곳으로 산청 읍내보다 이곳에 정차하는 버스가 더 많다고 한다. 시골 버스정류소치고는 외관이 굉장히 현대적이다. 새가 날아가는 모습을 형상화해 2020년 4월완공했다고 한다. 공항식 비 가림 시설을 설치해 대기실에서 나와 건너편 승강장으로 이동할 때도 눈비를 피할 수 있다.

주변에는 프랜차이즈 카페 '요거프레소', 베트남 사향다람쥐 커피 전문 '빈텐', 지역 프랜차이즈 카페인 '더웨이닝커피' 등 카페와 편의점이 있다. 정류장 바로 옆에는 농협 하나로마트도 들어서 있다. 이 정도면 웬만한 읍내보다 편의시설이 잘돼 있다.

원지버스정류장에서 원지삼거리를 지나 원지마트에서 우체국까지 500m가량을 걸었다. 낮은 건물들 1층에 간판이 잘 정비된 식당, 꽃집, 병원 등이 줄이어 있다. 여백이 많은 풍경은 자연과 어우러져 소박한 아름다움을 뽐낸다.

원지는 산과 강을 가까이하면서도 편의시설과 문화적인 요소를 고루 갖추고 있다. 2020년 9월에 작은영화관도 개관했다니 찬찬히 머물며 원지의 매력을 빠짐없이 체험해보면 좋겠다.

현대적인 디자인의 원지버스정류소.

"원지 노인·귀농·귀촌 농가의 농산품을 적극 판매하는 곳"

농부애 곳간

황금자 농부애愛 곳간 총괄팀장

상호가 정겹다. 농부가 사랑하는 곳간. 이 곳은 산청에서 나는 농산물을 파는 친환경농산물 판매점이다. 올해(2020년) 예비사회적기업 1년 차다. 농부애곳간은 생산자와 소비자를 연결해주는 플랫폼이다. 소비자에게 안전한 먹거리를 제공하고 지역 생산자에게는 온·오프라인 판로 개척을 돕는다.

황금자(50) 총괄팀장은 "노인과 귀농·귀촌인의 경우 친환경농산물, 유기농 생산품을 판매하는 데 어려움이 많다"며 "그래서 농부애곳간은 농가를 발굴하고 그들의 농산품을 적극 판매한다"고 말했다. 현재 50농가가 농부애곳간과 손을 잡았다.

가게를 둘러보니 순두부, 유정란, 들깨, 밀가루, 사과, 산나물 등 종류만 해도 수백 가지다. 농부애곳간은 네이버 밴드를 만들어 농가 소개, 수확·입고 시기 등을 알리는 '곳간 소식'을 운영 중이며 현재 회원은 400여 명이다.

산청이 고향인 황 총괄팀장은 "하늘에서 내려다보면 원지는 삼각형 모양으로 섬같다"며 "풍경이 아름답고 지리적으로 교통편이 편리해 귀농·귀촌인들이 많이 산다"고 말했다.

"여유·기쁨·휴식을 주는 공간을 꿈꾸며 굽는 빵"

목화빵집 김봉성·김지은 부부

평일 오후 3시가 넘어 들어간 빵집. '예약'이 라고 표시된 빵들을 제외하고 진열대에 남은 빵 이 몇 개 없다. 이마저도 나중에 동이 날 정도로 목화빵집은 동네 주민 들에게 인기가 많다. 칠판에 적힌 8개의 '목화빵집 약속'을 보니 그 이유 를 알겠다. 소량생산·당일판매를 원칙으로 환자도 먹을 수 있는 건강한 빵을 만든다.

김봉성(51·사진)·김지은(44) 부부는 지난 2017년 9월 가게를 열었다. 타 지에서 나고 자란 이들은 민들레공동체와의 연으로 산청에 정착했다. 목화빵집은 사람들이 머무는 사랑방이다. 특히 귀농·귀촌을 준비하 고 있는 사람들에겐 복덕방 같은 존재다.

김 씨는 "원지가 지리산으로 향하는 관문이며 양천강과 경호강^{남강}이 만나는 두물머리에 있어 경치가 좋다"며 "그래서 면소재지임에도 불구 하고 사람들이 많이 살고 문화적 인프라가 잘 갖춰진 곳"이라고 말했 다. 그는 원지를 "시골과 도시가 잘 섞인 동네"라고 표현했다.

목화빵집은 네이버 밴드를 통해 회원^{500여 명}들이 일주일간 나올 빵 메 뉴를 선정한다. 김 씨는 사람들에게 여유·기쁨·휴식을 주는 공간을 꿈꾸며 빵을 굽는다.

4

📍

진주시 망경동

"오래된 길이 주는 편안함 있는 동네에
작은 카페·공방 들어서며 활기를 띠다"

세월 머금은 골목길에
사람 향기 물씬

진주시 망경동은 남강을 직접 끼고 있는 오랜 주택가다. 망경동이란 이름은 근처에 있는 망경산^{지금은 망진산}에서 나왔다. 이 산은 남강을 포함해 사방으로 전망이 좋아 봉수대가 설치된 곳이다. 망경^{望京}은 이 봉수대에서 한양 방향을 바라본다는 뜻이 담겨 있다.

무엇보다 망경동에는 오래된 골목길이 잘 살아 있다. 이것만으로도 진주에 몇 안 되는 보물 같은 동네라고 할 수 있다. 이런 매력 덕분인지 최근에 다양한 공간들이 들어서며 골목에 활기가 돌고 있다.

진주유등체험관 근처에 주차하니 낮 12시가 조금 넘었다. 금강산도 식후경이라는데 점심부터 먹기로 했다. 비도 오고 하니 메뉴는 칼국수로 정했다.

체험관에서 '길손칼국수'까지 가는 길. 직선으로 뻗은 큰길을 두고 골목으로 들어섰다. 우산을 쓰면 한 사람이 겨우 지날 정도로 좁은 길

진주 망경동 골목길.

이다. 이쪽인가 하고 다가가니 막다른 골목이고, 저쪽인가 하고 걷다 보니 금세 목적지에 다다랐다. 미로 같다. 담장을 넘어 흘러내린 대추나무와 어느 집 것인지 모를 화분들, 제각각 다른 모양, 다른 색깔을 한 대문은 이 골목만의 볼거리다.

든든히 배를 채우고 본격적인 여행에 나섰다. 소화도 시킬 겸 남강변 대나무 숲길로 향했다. '진주 에나길' 한 구간이다. '에나'는 '참', '진짜'라는 뜻이 있는 진주 방언으로, 진주 에나길은 진주성과 남강 수변을 연계한 역사문화생태 탐방로다.

토독토독, 빗방울이 떨어지는 소리가 운치 있다. 곳곳에 죽순이 돋아 있고, 진주의 자랑, 진주의 마스코트 촉석루를 예쁘게 찍을 수 있는 포토존도 마련돼 있다. 안개 사이로 보이는 촉석루가 아련하다. 햇살이 부서지는 맑은 날 걸어도 좋겠다.

남강 대숲길. 진주 에나길 코스다.

동네로 발길을 옮겨 독립서점 '조이북슈퍼'를 찾았다. 가는 날이 장날이다. 굳게 닫힌 문 사이로 책과 그림엽서 등이 보인다. 나중에 안 사실이지만 운영 일정을 SNS에 공지하고 있다. 방문 전에 참고하면 헛걸음을 덜 수 있겠다.

아쉬움을 뒤로하고 망경북길을 걸었다. 어느 동네나 하나씩은 있는 인테리어 가게, 식육식당을 지나니 1층 전체를 나무로 꾸민 건물이 보인다. 망경동의 오랜 주택을 고친 도시달팽이 2호점이다. 1호점은 새로 지은 3층 건물로 역시 망경동 강변 가까이에 있다. 2호점 2층은 주거 공간이고 1층은 데칼코마니처럼 닮은 두 공간이 나란히 있다. 왼쪽은 커뮤니티 카페 '도시달팽이', 오른쪽은 공방 '소담'이다. 손잡이가 독특한 나무문은 따뜻하면서도 세련됐다.

소담의 창 너머로 한 할머니가 하늘색 색연필로 스케치북에 뭔가를 열심히 칠하고 있다. 뒤쪽 테이블에서는 할머니들이 담소를 나누고 있다. 공간과 인물에서 느껴지는 세대 차가 묘하게 조화롭다.

맨 왼쪽에는 조경국 작가가 운영하는 헌책방 '소소책방'이 있다. 한 처마 아래 카페, 공방, 책방이 패키지 같다.

더 걷다 보면 문화공간 '루시다'가 나온다. 목욕탕을 고쳐 만든 루시다는 3층 건물로 갤러리와 카페, 게스트하우스를 함께 운영하고 있다.

160m 정도, 걸으면 2분 정도 걸리는 짧은 길이지만 즐길 거리가 알차다. 무엇보다 이 동네에서 눈에 띄는 건 어우러진 사람들이다.

동네가 주는 푸근함과 편안함 덕분일까? 망경동이 좋아 자리 잡은 사람들, 망경동에서 수십 년을 보냈을 주민들, 멀리서 망경동을 찾아온 방문객들. 망경동에 머무는 이유도, 나이도, 경험도 다르지만, 이들이 따로 놀지 않고 함께 문화 공간을 즐기고 만들어가고 있다.

진주 망경동 도시달팽이 2호 건물.

목욕탕 건물을 고쳐 만든 문화공간 루시다.

"망경동은 진주에서 가장 가치 있는 땅"

이태곤 도시달팽이 대표

이태곤 (39·사진) 대표는 지난 2017년 11월 망경동에 도시달팽이를 만들었다. 3층짜리 건물인데 커뮤니티 카페로 사람들이 모여 먹고 머무르고 기록하는 복합공간이다. 얼마 전에 망경동 오랜 주택을 고쳐 도시달팽이 2호도 열었다. 2호에서는 현재 주민들을 대상으로 그림 그리기와 글쓰기, 영어회화 등 9개 모임이 진행 중이다.

이 대표는 대학에서 도시계획·도시설계를 전공했다. 누구보다 도시 공간에 관심이 많은 그가 망경동에 터를 잡은 이유는 진주에서 가장 가치 있는 땅이기 때문이다. 그는 그 가치를 '골목길'로 보았다. 삐뚤빼뚤하고 비좁은 길, 지금은 만들려고 해도 만들 수 없는 자연발생적인 길이 그는 좋았다.

이 대표는 "개인적으로 단독주택이 밀집되어 있고 강과 산, 그리고 평지가 있는 곳을 좋아하는데 그게 딱 망경동이었다"며 "이곳에는 또 나루터길, 탱자길 등 다른 동네에는 없는, 걸어가는 재미가 있는 골목길이 있다" 고 말했다.

망경동에는 오랫동안 동네를 지키며 살아온 원주민이 많다. 길을 걷다 보면 동네 어르신들은 삼삼오오 골목에 앉아 이야기하는 모습이 눈에 띈다. 최근 들어 이 대표는 걱정이 생겼다. 그는 "이곳에 중형 다목적 문화센터가 들어선다는 이야기가 나오는데 그럴 경우 나루터길, 탱자길 등 골목이 사라져 마을이 단절된다"며 "새 건물 때문에 동네 주객이 전도되는 일은 없어야 되지 않겠느냐"고 말했다.

....

"70년동안 한자리를 지킨 한옥을
보존해 역사의 공간으로"

남은숙 은안재 대표

최근 망경동에 젊은 사람들의 발길이 잦아졌다. 바로 2020년 4월 문을 연 한옥 카페 은안재 덕분이다.

은안재는 은혜롭고 편안한 집이라는 뜻으로 남은숙(31·사진) 대표가 1954년 지어진 집을 카페로 고쳤다. 한옥과 일본식 건축 양식이 섞인 이곳은 손님이 발 내딛는 순간부터 사진을 찍게 만드는 마술을 부린다. 옛 감성이 물씬 풍기는 인테리어가 한몫한다.

부산에서 나고 자란 남 대표는 남자친구가 있는 진주에 레트로^{복고} 감성이 묻어나는 카페를 차리고 싶었다. 여러 동네를 수소문하다 망경동이 눈에 들어왔다. 그는 "촉석루가 보이고 오래된 집들이 많아 할머니 집에 온 것 처럼 편안했다"며 "70년 동안 한 자리를 지킨 이 집을 새롭게 리모델링하기보다는 그대로 보존하며 역사의 공간으로 만들고 싶었다"고 말했다.

메뉴 중에 망경라떼와 단술이 눈에 띈다. 망경라떼는 보리율무 크림이 올라간 고소한 카페 라테다. 단술은 남 대표가 직접 만든 식혜다.

그는 "망경 5일장이 서는 날 커피를 들고 어르신들을 찾아뵌 적이 있다. '덕분에 젊은 사람들이 늘었다', '밥집, 카페 창업 문의가 늘었다'며 좋게 말씀해주셨다"며 "앞으로 시즌별로 진주를 대표할 수 있는 메뉴를 선보이고 싶다"고 말했다.

망경동 한옥카페 은안재.
70년 된 집을 보존하여 카페로 리모델링 했다.

5

📍

김해시 봉황동

"과거 점집 몰려 있던 거리
카페·공방·밥집 등 생겨나며
젊은 활력 넘치는 김해 명소로"

'신의 거리'라 불리던 곳
'힙'한 감성 입고 활기

김해시 봉황동은 요즈음 김해를 대표하는 젊은 거리다. 정확하게는 도로이름으로 봉황대길, 봉황대안길과 그 주변 주택가에 작고 아기자기한 카페나 공방, 문화예술공간들이 밀집해 있다. 지금처럼 거리가 예쁘게 꾸며지기 전에는 점집들이 몰려 있어 '신의 거리'라고도 불렀다. 그 이전에는 김해에서 장유로 가는 유일한 도로인 '장유가도'로 불리기도 했다. 지금은 '봉리단길'이라고도 불리지만, 정식 명칭도 아니고 공간 주인들이 딱히 선호하는 이름도 아니니 그냥 봉황대길 정도로 하면 좋겠다.

봉황동은 법정동 이름인데, 행정동으로는 회현동이다. 봉황동이란 이름은 조선 후기 김해 부사 정현석이 나지막한 언덕 모양새가 봉황이 날개를 편 것 같다며 봉황대라고 한 데서 비롯했다. 현대에 이르러 가야시대 집터 등 유적이 발견되면서 봉황대 주변이 금관가야지역 최대

봉황대길 풍경. 오래된 건물마다 예쁜 공간들이 들어섰다.

유적지가 됐다.

봉황대길을 둘러보기 전에 가까운 봉황대유적 패총전시관을 찾았다. 조개 더미를 뜻하는 패총은 고대인들이 버린 생활쓰레기라고 할 수 있다. 조개 더미가 차곡차곡 쌓인 단면을 보며 현대에서 고대에 이르는 오랜 세월을 가늠해 본다.

패총전시관에서 나오면 봉황대길 터줏대감인 서부탕이다. 색소폰으로 멋들어지게 불 줄 아는 사장님이 80년대 초반부터 거의 40년을 묵묵히 버티고 있다. 서부탕 옆으로 빈티지 옷가게 응접실과 갈나무 사진관이 붙어 있다. 그 옆으로 레트로복고 느낌을 잘 살린 구멍가게 미야상회와 파이 맛집으로 알려진 치키파이가 이어진다.

건너편으로는 오래된 시대세탁소 옆으로 은모루란 금속 공예 공방과 덮밥 전문집 밥위애®가 나란하다. 작은 골목을 건너뛰면 봉황2동 노인회관이 있고 바로 옆이 20~30대 젊은이들이 많이 찾는 낙도맨션이란 카페다. 노인들이 찾는 공간과 젊은이들이 찾는 공간이 나란히 있는 게 어찌 보면 어색하기도 하지만, 이런 부조화의 조화가 봉황대길의 매력이다.

김해 봉황대길 터줏대감 서부탕.

복고풍 느낌을 살린 구멍가게 미야상회.

6개 공간이 함께하는 회현종합상사 건물 마당.

낙도맨션이 있는 제법 큰 상가건물은 전체적으로 회현종합상사라는 복합문화공간이다. 건물 지하에 봉황대길에서 제일 유명한 밥집 하라식당, 마당 쪽으로 들어가면 카페 겸 로스팅 공방 릴리 로스터즈도 있다. 여기에 국수전문점 낭만멸치와 아기자기한 옷가게 93빈티지가 입주해 있다.

회현종합상사는 '재미난사람들'이 만든 문화예술협동조합이다. 이들이 봉황대길에 가장 먼저 자리를 잡고 지금 같은 활기를 이끌어냈고, 지금도 다양한 활동을 이어가고 있다.

이 정도만 해도 봉황대길의 매력을 어느 정도 맛봤다고 할 수 있지만, 길을 따라가다 보면 새로 생긴 다양하고 멋진 공간들이 계속 나온다. 새로 들어온 공간들만 100여 곳에 이른다고 한다. 이렇게 김해 봉황동 봉황대길에서 밥 먹고, 차 마시고, 이것저것 구경하다 보면 한나절이 금세 지난다.

"상업적인 공간이 아닌 예술적인 공간으로 앞장 서고파"

김혜련 하라식당 운영자

오래된 동네인 봉황동이 활기를 띠기 시작한 건 지난 2017년 회현종합상사가 들어오면서부터다. 회현종합상사는 문화예술공동체 재미난 사람들협동조합이 만든 공간으로 6개 가게가 운영 중이다.

이 중 지하 1층에 있는 하라식당은 목·금·토·일요일 주 4일만 문을 여는 음식점이다. 동갑내기 김충도 대표와 함께 식당을 운영하는 김혜련(49·사진) 씨는 지난 2015년 골목재생 사업 인연 덕에 봉황동을 처음 방문했다. 김해에 산 지 22년 만에 그는 '보석 같은 곳'을 발견했다. 김 씨는 "아파트에 살다가 이곳에 오니 현실에서 벗어난 자유로움이 느껴졌다"며 "봉황대나 동네를 거닐다 보면 옛날 내가 기억하지 못했던 기억들이 떠오른다. 가끔 별도 보인다"고 웃으며 말했다.

그간 회현종합상사에선 재밌고 의미있는 이벤트가 열렸다. 결혼 40주년을 맞은 옷수선 사장님 부부의 '리마인드 결혼식', 어르신과 청년, 아이들이 한데 모인 '골목콘서트', 남자는 나비 넥타이를 하고 여자는 드레스를 입고 즐기는 동네 마을잔치 '우아한 달빛파티' 등이다.

만 3년이 지난 2020년 현재 봉황동에는 가게 100개가 들어왔다. 김 씨는 "○○단길과 차원이 다른 곳을 만드는 일에 앞장서고 싶다"며 "상업적인 공간이 아니라 좀 더 예술적인 공간으로 말이다"고 말했다.

"노인들만 보다가 젊은 사람들이 지나다니니 보기가 좋다"

김기수 서부탕 대표

봉황동유적 패총전시관으로 가는 길목에 자리 잡은 목욕탕. 1979년에 착공해 이듬해 문을 연 서부탕이다. 40년 된 목욕탕 주인장 김기수(65·사진) 씨는 봉황동에서 나고 자랐다. 그래서인지 동네의 희로애락을 빠삭하게 알고 있었다. 김 씨는 "동네가 거의 변화 없이 낙후된 마을이었다"며 "근래 김해여객터미널과 봉황역이 생기고 젊은 사람들이 카페, 밥집 등을 차리면서 유동 인구가 늘었다"고 말했다. 동네 분위기가 좋아졌느냐고 묻자 그는 "노인들만 보다가 젊은 사람들이 지나다니니 보기가 좋다"고 웃으며 말했다. 동네는 수로왕릉과 왕궁터 발굴지역 주변으로 대부분 문화재보호구역으로 개발행위가 제한되어 있다. 서부탕이 있는 곳도 고도제한이 걸려있다. 김 씨는 "안쪽 골목으로 들어가 보면 집을 수리하지도 못하고 지내는 나이 든 사람들이 많다"고 말했다.

봉황동에는 유달리 점집이 몰려있다. 점집이 많은 이유가 봉황대 때문인지, 동네 기운이 좋아서인지 궁금해서 물었더니 뜻밖의 대답이 돌아온다. 김 씨는 "임대료가 싸다 보니 점집이 많이 들어왔고 이제는 점집이 나가고 카페가 많이 들어서는 편"이라고 설명했다. 김 씨는 한 가지 아쉬운 점을 드러냈다. "많은 사람이 우리 동네를 찾는 건 좋은 일이나 주말이나 공휴일이 되면 주민들이 주차할 곳이 없어 불편한데 이게 좀 해결되었으면 좋겠다."

6

창녕군 **우포늪**

"자연에 녹여낸 설치미술작품과
입구 나무 그늘길이 매력적인 동네"

광활한 습지 위
감성 충전할 문화 공간이 콕콕

국내 최대 천연 습지, 1억 년을 이어온 생태계 보고, 세계인이 인정하는 람사르 습지. 모두 창녕 우포늪을 이르는 말이다. 이처럼 우포늪은 경남을 대표하는 생태 여행지다. 우포늪을 찾는 이들은 대부분 창녕군 유어면 우포늪생태관을 찾는다. 안내소와 넓은 주차장까지 있으니 우포늪을 대표하는 장소라 할만하다. 이곳에 차를 대고 걸어서 전망대나 대대제방에 오르면 눈 아래 우포늪과 주변 논밭 풍경이 시원하게 펼쳐진다.

우포늪을 제대로 느끼려면 둘레길을 걸으면 된다. 30분, 1시간, 2시간, 3시간, 3시 30분까지 다양한 코스가 있다. 여기에다 우포늪 주변 '문화예술 산책'을 더해본다. 실제 우포늪 주변으로 둘러볼 만한 문화예술 공간들이 몇 곳 있다.

'우포늪에 수제 햄버거집이 있다고?'

우포늪 가는 길목에 위치한 우포로와(수제 햄버거집 겸 카페)

　호기심에 찾아간 곳은 창녕군 대합면 가시연꽃마을에 있는 카페와 식당을 겸한 '우포로와'라는 곳이다. 우포늪을 자주 찾는 이라면 여러 번 지나쳤을 신당마을 도롯가에 있다. 너른 들판을 끼고 있어, 안에서 내다보는 풍경이 나름 근사하다. 시골에서 만나는 '도시적인 음식'이라 색다른 기분이다. 바로 옆 '우포버들국수'도 제법 손님이 찾는다. 창녕 출신 송미령 시인이 운영하는 이 국수집에서는 더러 문화 이야기가 꽃 피는 사랑방이 열리기도 한다.

　이어 찾은 곳은 차로 3~4분 거리에 있는 창녕군 대합면 주매리 우포 생태체험장이다. 2016년 7월 1일 개장했는데, 무려 축구장 12개 합한 넓이다. 생태박물관도 있고, 쪽배타기, 미꾸라지·논고동 잡기, 곤충 체험 같은 체험활동도 많이 한다.

　여기에 또 다른 이색 볼거리가 있는데, 체험장 곳곳에 설치된 자연설치미술 작품들이다. 2017년과 2019년에 열린 우포자연미술제가 남긴 선물이다. 대만, 인도네시아, 영국, 독일, 몽골, 한국 등 여러 나라에서 온 자연설치미술가들이 주변 자연에서 영감을 받고, 근처에서 얻은 재료를 사용해, 체험관 내 적당한 공간에 작품을 설치했다. 주로 나뭇가지, 대나무, 갈대 같은 것으로 만드는데, 주변과 최대한 잘 어우러지게끔 작업을 하기 때문에 실제 현장에서 받는 인상은 상당하다. 작품들이 넓은 공간에 흩어져 있어 다 둘러보려면 시간이 좀 걸린다.

우포생태체험장 곳곳에서 우포자연미술제 참가 작가들이 만든 자연설치미술작품을 만날 수 있다.
인도네시아 위스누 작가의 작품.

우포늪 4개 습지 중 목포늪 옆에 자리잡은 우포시조문학관.

　우포생태체험장에서 다시 차로 5분을 달려 창녕군 이방면 안리에 있는 우포시조문학관을 찾았다. 우포늪 4개 습지 중에서 목포늪 한쪽에 있는 2층 건물이다. 원래는 우포늪 보전을 위해 오랫동안 노력해온 환경단체 '푸른우포사람들' 사무실 건물이다. 물론 지금도 1층은 사무실로 쓰고 있고, 2층을 문학관으로 쓰고 있다.

　2016년 처음 개관할 때는 이우걸문학관이었다. 창녕에서 태어나 40여 년 현대시조의 길을 개척한 이우걸 시조시인 이름을 붙였다. 우포시조문학관으로 바꾼 지금도 관장은 이우걸 시인이 맡고 있다.

　문학관에는 이우걸 시인이 낸 책들과 작품들이 전시돼 있다. 또 시인이 쓰는 조그만 작업실도 있다. 작은 문학관이지만, 매년 여름의 끝자락이면 입구 나무 그늘서 운치 있게 우포시조문학제가 열린다.

　우포늪에서 가까운 창녕군 이방면 안리에 산토끼노래동산을 둘러봐도 좋다. 국민 동요 '산토끼' 발상지가 창녕인데 이를 주제로 만든 공원이다. 이곳은 아이들하고 가면 즐거운 게 많다.

유진수 한국화가의 집이자 작업공간.
그는 우포늪과 가까운 창녕군 유어면 대대마을에 태어나 지금도 살고 있다.

우포늪 주변에 사는 예술인도 많다. 대합면 주매마을에는 노래하는 우창수·김은희 부부, 유어면 대대마을에 태극화가로 유명한 유진수 한국화가, 유어면 세진마을에는 우포늪 작가로 알려진 정봉채 사진작가 같은 이들이 우포늪에서 영감을 받아 작업을 하고 있다.

우포시조문학관 입구 나무 그늘길. 매년 이곳에서 우포시조문학제가 열린다.

"우포늪은 유년의 기억이 깃든 곳"

유진수 작가

'태극'을 주제로 그림을 그리는 유진수(56·사진) 작가는 10여 년 전 고향으로 돌아왔다. 유 작가가 거주하며 작업하는 공간은 그가 태어나고 자란 옛집이다. 창호지 발린 여닫이문, 툇마루, 마당을 보니 외할머니댁에 놀러 온 것 마냥 정겹다. 그가 손님과 함께 차를 마시며 담소를 나누는 공간에 앉아 여닫이문을 활짝 여니 우포늪이 한눈에 보인다.

유 작가는 "원시적 생명력, 생태계의 보고인 우포늪은 어릴 적 저에게 놀이터나 다름없었다"며 "친구들과 헤엄치고 마름_{연못이나 물 위에서 자라는 한해살이 풀의 열매}도 따먹고 유년의 기억이 깃든 곳"이라고 말했다. 그는 그 기억을 꺼내 작품으로 풀었다. 유 작가는 방 한쪽에 걸려있는 작품들을 가리키며 "초등학교 3~4학년 때 대대제방에서 자전거를 배웠고 우포늪에 있는 미루나무를 연필로 그린 작품"이라고 설명했다.

유 작가의 호는 '한터'다. 한터는 하늘, 크고 넓은 곳이란 뜻으로 그가 나고 자란 대대마을의 우리말 지명이다. 고향에 대한 애정이 얼마나 깊은지 알 수 있는 대목이다. 그는 10월 창녕문화예술회관에서 14번째 개인전을 열었다. 유 작가는 "고향에서 제대로 된 전시를 여는 건 처음이었다"며 "지난 1996년 서울 롯데화랑을 시점으로 그간 작업한 작품을 추려 보여주었다"고 말했다.

"우포늪에 왔을때 맡았던 깊은 물냄새가 마음을 편안하게해"

가수 우창수

부산에서 활동하던 가수 우창수(53·사진) 씨가 부인
김은희 씨와 창녕 우포늪 주매마을에 터를 잡은 건 지난 2014년부터다.
그는 그간 '개똥이 어린이예술단'을 만들어 아이들이 쓴 글에 음률을 입
혔고 소외된 사람들의 삶과 정의를 노래로 부르며 '우창수의 노래나무 심
기'라는 공연을 했다. 창작동요집과 음반을 냈고 영화 음악도 작곡했다.
그런 우 씨가 창녕에 자리를 잡은 건 우포늪의 비릿한 물냄새가 좋아
서다. 그는 "고향은 아니지만 6~7살 무렵 3년 동안 도천면에 살았다"며
"그러다 우연히 부산에 있을 때 녹색연합서 아이들과 함께하는 프로
그램 당일치기로 우포늪에 왔고 그때 맡았던 깊은 물냄새, 비릿한 물
냄새가 마음을 편안하게 했다"고 말했다.
우 씨는 지난 2017년 우포늪 생태체험장 앞 옛 주매마을회관 1층에
'개똥이 마을책방'을 열었다. 2층은 살림집 겸 작업실이다.
그는 우포늪은 계절마다, 아침과 저녁마다 다른 매력이 있다고 했다.
개인적으로 우포늪의 겨울을 좋아하는 우 씨는 "봄은 새순이 돋아나
는, 생명이 꽃피는 따뜻함이 있고 여름은 물풀들의 향연이 펼쳐진다"
며 "가을은 햇살과 노을이 좋고 겨울은 나뭇잎을 떨군 왕버들 군락의
모습이 아주 좋다"고 설명했다.
그는 덧붙여 "관광버스를 타고 한 시간만 머물다 가는 건 100분의 1
도 우포늪을 못 느끼는 법"이라며 1박 2일 코스를 추천했다.

7

밀양시
내일동·내이동

"해천변 따라 조성된 산책로·벽화 눈길…
아북산 자락 도심 한눈에 담는 사진 명소"

가야시대 흔적부터
항일 운동 역사가 발 아래에

내일동, 내이동은 밀양 도심의 중심을 이루는 동네다. 다른 지역처럼 원도심이 쇠퇴하고 있지만, 그래도 핵심 상권에는 여전히 사람들이 붐빈다. 최근 도심 오랜 주택가를 중심으로 도시재생이 진행되면서 재미난 공간들이 제법 생겼다.

내일동과 내이동은 모두 밀양 도심을 지나는 밀양강을 끼고 있다. 강변주차장에 차를 대고 뒤편에 있는 벤치에 앉아 풍경을 본다. 밀양강 건너는 밀양의 신도시라고 할 수 있는 삼문동이다. 벤치 위로 드리운 벚나무 그늘이 짙다. 그만큼 나무가 크고, 나뭇가지가 무성하다는 뜻이다. 사실, 밀양강변 풍경은 벚꽃이 필 때가 절정이다.

벤치에서 일어나 뒤를 돌면 도로 건너로 '진장 문화예술플랫폼 미리미동국'이 보인다. 2019년 4월 문화체육관광부가 주관한 문화적도시재생사업 공모에 선정되면서 밀양시와 밀양시문화도시센터가 만든 문화

체험공간이다. 미리미동국은 가야시대 밀양의 이름이었다.

내이동에 속하는 이 주변을 진장이라 부른다. 진이 있던 곳이란 뜻인데, 조선시대 밀양부 관아에 속한 별포군別浦軍이 이곳에 주둔했다. 옛날에는 밀양강변이 넓어 군사 훈련하기에 좋았다고 한다.

미리미동국은 다닥다닥 붙은 빈집 6채를 연결해 꾸몄다. 진장이란 지역 이름에 어울리게 전투 중인 진지 개념으로 공간을 구성했다.

벽이나 지붕에 화살이 박혀 있고, 지붕 위로 우뚝 솟은 망루가 있는 것도 이 때문이다. 작은 집들 내외부를 잘 연결해 아기자기하게 꾸며 놓은 덕분에 옥상부터 입주 작가 공방까지 내부를 둘러보는 재미가 상당하다. 미리미동국 주변 동네도 벽화가 그려져 있어 가만히 걸어보기 좋다.

진장 문화예술플랫폼 미리미동국

밀양강변에 있는 진장 문화예술플랫폼 미리미동국 내 다양한 작가 입주 공간들.

미리미동국 주변 동네 벽화길.

밀양해천 변에 있는 의열기념관 내부.

밀양해천은 내일동과 내이동 경계가 되는 물길로 남북으로 길게 뻗어 있다. 밀양시가 최근 이를 복원해 양편으로 긴 산책로를 만들었다.

산책로와 맞닿은 상가 담벼락들에는 조선시대에서 일제강점기에 이르는 항일 운동의 역사가 그림으로 표현되어 있다. 산책로 중간에 '의열기념관'이 있다.

밀양 출신 약산 김원봉1898~1958과 동지들이 만든 의열단은 일제강점기 만주 지린성에서 조직된 비밀 항일 무장 조직이었다. 의열기념관은 2018년 3월 밀양시가 김원봉 생가터에 개관한 것이다.

"폭력은 우리 혁명의 유일 무기이다. 우리는 민중 속에 가서 민중과 손을 잡고 끊임없는 폭력, 암살, 파괴, 폭동으로써, 강도 일본의 통치를 타도하고…"

밀양 내일동 달빛쌈지공원 옛 배수지 건물을 활용한 탐방시설.

일명 의열단 선언으로 알려진 조선혁명 선언 구절에서 알 수 있듯 의열단은 문화나 외교적인 방법이 아닌 직접적인 방법으로 일제를 타도하는 일에 활동의 초점을 맞췄다. 의열단기념관에는 이렇게 대한 독립을 위해 오직 '오늘만 사는' 사람들의 이야기가 담겨 있다.

밀양해천에서 멀지 않은 곳에 달빛쌈지공원이 있다. 내일동 뒷산이라고 할 수 있는 아북산 자락에 있는 도심 공원이다.

이 공원에 있는 스카이로드는 밀양 도심 풍경을 한눈에 담을 수 있는 전망시설이다. 이미 사진 명소로 유명하다. 스카이로드 아래 옛 배수지 건물을 운치 있게 꾸민 탐방시설도 좋은 볼거리다. 원래 건물의 콘크리트 구조를 잘 살려 건물 그 자체가 예술이 됐다.

밀양 내일동 달빛쌈지공원 스카이로드. 밀양 도심 풍경이 한눈에 담긴다.

"관람객은 다양한 체험을,
우리는 새로운 작품을 하는 기회로"

김종삼 미리미동국작가회장

도자기 조형물 작업을 하는 김종삼(57·사진) 작가는 흙과 평생 친구로 지내겠다는 의미를 담아 지난 2000년 밀양에 토우±灰도방을 만들었다. 첫사랑의 순수한 감성을 인체로 표현한 '순정시리즈'와 돌절구에서 영감을 받은 '물확돌에 홈을 파서 물을 담아두는 것시리즈'가 그의 대표작이다.

김 작가가 미리미동국에 입주한 이유는 "좀 더 많은 사람과 자신의 작업물을 공유하고 소통하기 위해서"다. 그는 이곳에서 도자기와 토우 만들기 수업 등을 진행하면서 식기 등 다양한 생활소품류를 판매한다.

미리미동국 곳곳을 둘러보니 공방마다 예술가의 손길과 정성이 묻어난다. 김 작가는 "관람객이 말하길, 밖에서 미리미동국을 보면 평범해 보이는데 막상 안을 들여다보면 매력적이고 신기한 공간이라며 칭찬한다"며 "관람객은 이곳에서 다양한 체험을 하고 예술가인 우리는 사람에게 영감을 얻어 새로운 작품을 하는 기회가 될 것"이라고 말했다.

"역사성을 살려 문화공간이 된 청학서점"

이미라 청학서점 매니저

1961년 문을 연 청학^{靑學}서점 본점이 2019년 5월 이전했다. 2대째 서점을 운영 중인 신찬섭(47) 대표와 그의 부인 이미라(46·사진) 매니저는 사람들의 접근성을 높이려고 내일동에서 삼문동으로 자리를 옮겼다. 부부는 기존 3층짜리 건물을 밀양시문화도시센터에 5년 동안 무상 제공하기도 했다. 사실 쉽지 않은 결정이다.

이 매니저는 "예전 청학서점이 있던 자리는 서로 어깨를 부딪칠 정도로 사람들이 북적대던 곳이고 버스안내 방송에 나올 만큼 유명했다"며 "하지만 도심이 쇠퇴하면서 이전을 결정하게 됐고 센터 측에서 청학서점의 역사성을 살려야 한다며 유휴공간을 문화공간으로 쓰면 어떻겠냐고 부탁했다"고 말했다.

청학서점은 문화사랑방이다. 지난 2013년 고전읽기 동아리를 시작으로 6개 동아리가 운영 중이다. 지난해에는 이 매니저가 기획·진행한 밀양문화재단의 인문학 프로그램 '독^讀한 엄마'가 청학서점에서 열려 인기를 끌었다. 2020년 하반기 7월 비대면 키트 제작, 8월 독서감상회, 9월 음악회, 10월 연극, 11월 '겨울 나그네' 전곡 연주 등 다양한 문화행사가 열린다.

이 매니저는 청학서점을 두고 "사람들이 일상에서 편안하게 책을 읽고 그걸 통해 다양한 문화적 경험을 실현할 수 있는 공간이 되길 바란다"고 말했다.

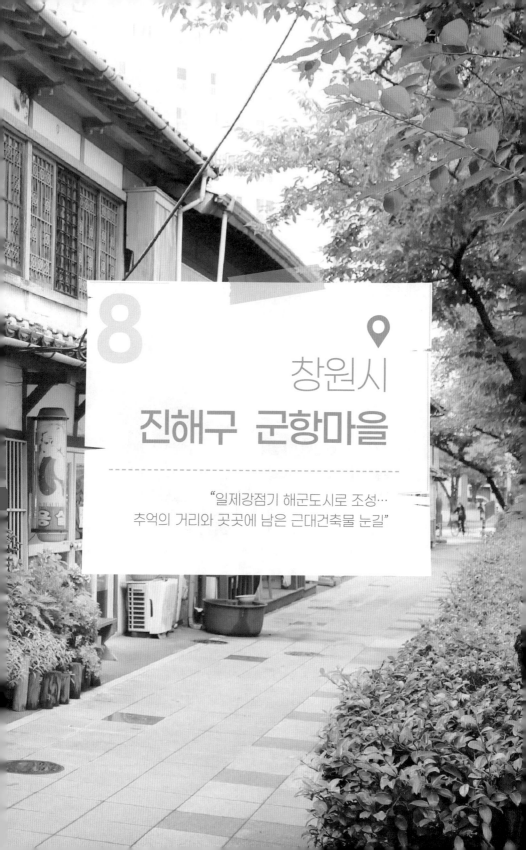

8

창원시
진해구 군항마을

"일제강점기 해군도시로 조성…
추억의 거리와 곳곳에 남은 근대건축물 눈길"

한국 근현대 100년 역사
발 닿는 거리마다 숨쉬네

창원시 진해구 도심은 일제강점기에 만들어진 해군도시였다. 창원시는 진해 북원·중원·남원로터리를 연결해 '진해 근대문화역사길'이란 탐방 코스를 운영하고 있다. 또 중원로터리를 중심으로 진해 역사를 간직한 충무동 군항마을도 만들어져 있다. 사실 중원로터리 주변만 잘 돌아봐도 곳곳에 남은 근대의 흔적을 만날 수 있다.

지금 진해 도심은 원래 '중평한들'이라 불리던 넓고 기름진 들판이었다. 일제는 조선인들을 경화동 쪽으로 쫓아내고 당시 1200살 정도 되었던 팽나무 당산나무를 중심으로 사방으로 여덟 갈래로 길을 내어 방사형 시가지를 만들었다. 그리고 거대한 해군기지가 된 도시의 이름을 웅천熊川에서 제압할 진鎭, 바다 해海, 진해로 바꿨다. 팽나무가 죽자, 1950년에는 느티나무를 심기도 했고, 1970년대에는 분수대와 시계탑이 있었다. 지금 같은 잔디광장이 된 건 2007년부터다.

1912년에 지은 진해우체국. 미학적으로 아름답고, 보존도 잘 돼 있어 진해 근대문화유산을 대표한다.

진해탑이 있는 제황산을 등지고 중원로터리를 가만히 바라보는 하얀 건물은 진해우체국이다. 1912년에 지어진 목조건물로 2000년까지도 이 건물에서 우체국 업무를 봤다. 전형적인 일제강점기 서양건축물로 미학적으로도 잘 지은 데다 외형이 지금까지 잘 보존돼 있어 진해 근대 유산을 상징하는 건물이라고 할 수 있다. 드라마나 영화에도 더러 등장했다.

진해우체국 옆으로 창원아이세상장난감도서관 입구 정원에 있는 시월유신탑은 근대유산은 아니지만 제법 흥미로운 구석이 있다. 시월유신은 1972년 10월 17일 박정

진해 중원로터리 옆에 있는 시월유신탑.

회 정권이 장기 집권과 지배체제 강화를 위해 단행한 초헌법적인 비상 조치를 말한다. 진해 시월유신탑은 1973년 3월에 만든 것이다. 당시 전국적으로 비슷한 탑이 많았는데, 현재 다 철거되고 유일하게 진해에만 남아있다는 말이 있다.

중원로터리 주변을 계속 따라가면 흑백다방이란 곳이 나온다. 건물 자체는 1912년에 지은 것으로 함경도 출신으로 진해에 정착한 유택렬 화백이 1955년 카르멘다방을 인수해 흑백이라고 이름 지은 게 지금까지 이어지고 있다. 1960~70년대 진해 사람들의 낭만을 대표하는 공간이었다.

1960~70년대 진해 낭만을 대표했던 흑백다방.

흑백에서 조금만 더 가면 진해군항마을역사관이 나온다. 마을 경로당 건물을 고쳐 만든 것이다. 해설사들도 나름 동네 어르신들이라고 할 수 있는데, 이분들의 설명을 들으며 진해 옛 모습을 간직한 사진들, 일상생활용품들을 둘러보는 재미가 있다.

진해 마크사 거리

군항마을역사관 앞은 '마크사 거리'로 불린다. ○○ 마크사란 간판을
단 가게들이 거리에 나란하다. 이들은 계급장과 명찰, 군복을 수리하
는 등 군인용품을 취급하는 곳이다. 거리 끝에 해군본부와 작전사령
부와 교육사령부로 통하는 출입문이 있었기에 비슷한 업종이 모여들
어 형성됐다.

마크사 거리에서 다시 중원로터리를 따라 한 블록을 지나면 단골로

진해군항마을역사관.

소개되는 진해 근대건축물 원해루와 수양회관을 볼 수 있다. 지금도 각각 중국음식점과 식당이 운영 중이다. 이 외에 북원로터리에 있는 우리나라 최초 이순신 동상, 남원로터리에 있는 이순신 장군의 시를 적은 백범 김구 친필 시비도 살펴보고, 진해우체국 쪽 도로를 따라가면 길쭉하게 생긴 옛 일본식 건물(장옥거리)과 일제강점기 병원장 사택이었던 선학곰탕도 찾아보자.

진해 일본식 옛 건물(장옥거리).

진해 근대건축물 원해루.

"진해는 박물관을 찾지 않아도 거리곳곳 문화유적을 즐길 수 있어"

김금환 진해군항마을역사관 해설사

진해군항마을역사관에 가면 창원시 진해구에 남아있는 근대문화유적을 한눈에 살펴볼 수 있다.

진해구 중앙동의 옛 노인정을 리모델링한 역사관은 지난 2012년 문을 열었다. 1920년에 지어진 적산가옥 목조건물로 지상 2층 규모다. 문을 열고 들어가니 녹색 조끼를 입은 어르신 2명이 "어서 오세요"라고 반긴다. 어르신들은 진해시니어클럽 소속으로 하루 3시간씩 월 30시간 사회참여활동을 한다. 진해군항마을역사관의 이야기 보따리꾼이다. 김금환(68) 씨는 "주민들에게 기증받은 진해 근대역사자료 등 350여 점이 전시돼 있다"며 "마을 단위의 고유한 역사와 문화를 담은 기록물이 잘 보존·전시돼 있어 지난 2014년 국가기록원 제7호 기록사랑마을로 지정됐다"고 말했다.

그는 1·2층에 전시된 기록물을 소개하며 친절히 설명했다. 공간이 협소해 전시를 다 해놓지 못한 기록물이 빛을 발하지 못해 아쉬웠다.

김 씨는 "진해는 전시관·박물관을 따로 찾지 않더라도 거리 곳곳에서 근대문화유적을 즐길 수 있는 도시다"며 "해마다 봄이면 진해 벚꽃을 보고자 관광객들이 많이 오지만 진해는 군항제 아니라도 언제든 오면 볼거리, 즐길거리가 많은 곳"이라고 말했다.

"자타가 공인하는 해군도시
마크사 기술력이 좋다고 소문나"

최정호 진해마크사 대표

군인들을 판매 대상으로 하나둘 형성되기 시작한 게 마크사, 명찰사, 제복사다. 진해는 군항의 도시로 군인들의 군복에 마크와 이름표를 달아주는 마크사가 많이 있었다. 진해군항마을역사관 근처에 있는 마크사 거리에는 마크사와 군복 수선집이 밀집돼 있다. 건립연도는 1940년대 후반으로 추정된다.

타지에서 살던 최정호(66·사진) 씨는 1977년 진해에 와서 25년간 진해마크사를 운영하고 있다. 최 대표는 "마크사는 쉽게 말해 군인들을 상대로 장사하는 곳"이라며 "해군사관학교 들어가는 '남문'에 마크사가 밀집되어 있다"고 말했다. 그는 "진해는 자타가 공인하는 '해군 도시'여서 그런지 진해지역 마크사 주인들의 기술력이 좋다고 소문이 나있다"고 말했다.

진해마크사는 미싱^{재봉틀} 작업을 하지 않고 현재 감사패·기념패·명패 등을 제작한다. 최 대표는 "진해마크사에 오시는 손님 95%가 군인이다"며 "퇴직한 군인들도 가끔 우리 집에 와서는 '내가 옛날에 이 배를 탔다'며 이야기꽃을 피우곤 한다"고 말했다.

최 대표는 "40여 년 전 진해에 왔을 때랑 비교하면 진해는 크게 달라진 점이 없다"며 "아등바등하며 경쟁적으로 사는 대도시보다 여유롭고 공기가 좋다"고 말했다.

9 창원시 마산합포구 창동예술촌

"도시재생 거치며 알록달록한 변화,
급변하는 세상 속 느림의 미학 간직"

다시 태어난 도심 골목,
세월 흔적 정겨워라

　오래되고 낡은 골목은 그 자체로 어떤 문화적인 힘이 있다. 바래고 갈라진 틈새마다 삶의 손때와 땀내가 박혀 있기 때문이다. 그야말로 지난한 삶들이 만들어낸 작품이다.

　창원시 마산합포구 창동예술촌은 골목여행으로 유명한 곳이다. 대부분 골목은 도시재생으로 예쁘게 꾸며졌다. 이런 골목 사이를 돌아다니며 하는 추억 여행도 좋지만, 문득 들어선 낡은 소골목에서 오랜 삶의 손때와 땀내를 만나는 일도 나름 즐겁다.

　창원시 마산합포구 중성동 136번지 앞. 이곳은 한때 중고생들이 몰래 담뱃불을 비벼끄던, 창동의 어두운 뒷골목이었다. 골목 입구를 가로지른 2층 집은 의령 출신 독립운동가 남저 이우식(1891~1966) 선생이 살던 곳이다. 몇 년 전 골목에 뉴질랜드 카페 리빙앤기빙이 들어서며 새삼 밝고 운치 있는 곳으로 바뀌었다.

창원도시재생지원센터 건물 오른쪽으로 들어가면 나오는 오성사 골목. 햇볕이 잘 들지 않는 곳이라 조금은 퇴색하고 쓸쓸한 느낌이 그대로 남아 있다. 골목 끝 정면을 보이는 오성사는 한때 유명한 단추가게였다. 부림시장 주변 양장점이 한창 많을 때 마산에서 만든 옷 단추는 다 이곳에서 샀다는 말이 있었을 정도였다. 이제 좋은 시절 다 지나갔는지는 몰라도, 여전한 간판만으로도 많은 느낌을 준다.

오성사 앞에서 리아갤러리로 통하는 좁은 골목도 운치가 있다. 현재 롤러스케이트장으로 쓰이는 건물 뒤편이다. 옛날에는 벽돌이 드러나 갈라진 틈새로 풍성하게 이끼와 풀이 자랐었다. 그 모습이 좋았는데, 롤러스케이트장이 들어서며 벽을 수리해 그 운치가 사라졌다. 그럼에도, 좁은 골목이 주는 아기자기한 맛은 여전하다.

오성사 골목.

우신장여관 골목.

리아갤러리 앞을 지나 큰길로 나가기 직전 왼쪽으로 우신장여관 가는 골목이 있다. 원래 더럽고 냄새도 나서 사람들이 잘 안 가던 곳이었는데, 화려하게 색이 칠해지면서 전혀 다른 느낌으로 변했다. 물론 지금도 사람들이 잘 찾지는 않는데 오히려 그렇기에 한적한 맛이 더해졌다. 우신장여관은 지금은 영업을 하지 않는데, 2018년 10월 여관의 텅 빈 객실들을 활용해 인상적인 전시가 벌어진 적이 있다.

창동예술소극장 건너편에서 창동공영주차장으로 이어진 골목도 많은 이야기를 품은 곳이다. 이곳은 창동예술촌 내 250년 골목길 일부다. 저녁 어스름 한잔하기 좋은 해거름만으로도 골목의 분위기는 충분하다. 여기에 추억의 복희집 같은 오래된 공간과 견실한 맛의 우바리스타, 홍차전문점 살롱드마롱 같은 젊은 공간이 어우러져 창동예술촌에서도 나름 왁자한 골목이다.

창동의 골목.

"빨리 지나가고 싶은 골목이었는데 천천히 걷고 싶다 했을 때 기뻐"

조현제 리빙앤기빙 대표

창동 뉴질랜드 카페 리빙앤기빙이 있는 골목. 뒤로 보이는 2층집이 남저 이우식 선생이 살던 집이다.

어둑어둑했던 골목길이 환해져서 그런지 사람들의 발걸음이 가볍다. 이 골목은 의령 출신의 독립운동가 남저 이우식1891~1966 선생의 집터가 있는 곳이다. 현재는 커피와 브런치를 파는 '리빙앤기빙(Living & Giving)'이 있다. 사람들에게는 뉴질랜드 카페로 알려진 곳이다.

조현제(60) 대표가 20여 년간 뉴질랜드에서 살다가 어릴 적 추억이 있는 공간에 가게를 차렸다. 부인과 함께 손수 인테리어를 해 2년여 전 지금의 공간이 탄생했다. 사람들은 음침했던 골목에 리빙앤기빙이 들어서면서 활기 넘치는 분위기가 조성됐다며 칭찬했다.

조 대표는 "한 분이 예전에는 빨리 지나가고 싶은 골목이었는데 사장

창동 뉴질랜드 카페 리빙앤기빙 내부.

님 덕분에 골목이 깨끗해져서 이젠 천천히 걷고 싶다고 말했을 때 진짜 기뻤다"며 "리빙앤기빙이라는 상호처럼 살면서 사람들에게 기쁨을 주는 곳이 되고 싶다"고 말했다.

1970~1980년대 전국 10대 도시였던 마산. 그 중심은 창동이었다. 그는 "포목점, 양복점, 금은방이 많았고 주말이면 사람들이 밀려서 갈 정도로 북적댔다"며 "아파트가 들어서고 합성동, 댓거리 등으로 상권이 분산되면서 예전만 못하게 됐다"고 말했다.

2년여 카페를 하면서 조 대표는 "(상권이) 조금씩 나아지는 걸 느낀다"고 말했다. 그는 "창동예술촌, 공영주차장 등이 생기면서 사람들이 늘었다"며 "창동은 골목여행하기가 좋고 걸으면서 먹고, 즐기고, 쇼핑할 수 있는 게 장점"이라고 말했다.

"요즘은 모든게 급변하지만
 창동은천천히변해"

김우현 우바리스타 대표

몇 년 전 한 지인이 "여기 커피가 맛있다"고 해 따뜻한 카페라테를 마신 적이 있다. 이후 창동을 오갈 때 종종 찾았다. 진한 커피가 인상적인 이곳은 커피와 제철 음료를 파는 테이크아웃 전문점 '우바리스타'다. 김우현(29·사진) 대표가 지난 2016년 1월 차렸다.

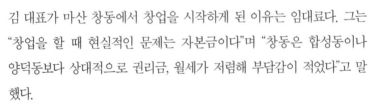

김 대표가 마산 창동에서 창업을 시작하게 된 이유는 임대료다. 그는 "창업을 할 때 현실적인 문제는 자본금이다"며 "창동은 합성동이나 양덕동보다 상대적으로 권리금, 월세가 저렴해 부담감이 적었다"고 말했다.

합성동, 경남대 부근은 젊은 층이 주요 타깃이지만 창동은 연령대 구분없이 많은 이들이 찾는 동네다. 우바리스타를 찾는 손님 역시 연령층은 다양하다. 김 대표는 "평일에는 은행, 병원, 공공기관에 다니는 손님이 많고 주말에는 창동의 추억을 만끽하려고 온 손님들이 많은 편"이라고 말했다.

250년 골목 내 우바리스타.

우바리스타는 일리, 라바차 등 이탈리아 커피 브랜드 원두를 사용해 커피가 진한 편이다. 과일 음료도 원재료 자체가 주는 신선함과 맛을 되도록 살린다.

김 대표는 "요즘은 모든 게 급변하지만 창동은 천천히 변한다"며 "골목을 걷다 보면 '창동만의 느낌'을 알게 될 것"이라고 말했다.

10

사천시
삼천포 해안

"활력 넘치는 수산시장과
어선 가득 바다 풍경과 삼천포아가씨 동상…
공원서 보는 대교·케이블카 웅장"

그리움 품은 항구변
아기자기한 매력이 넘실

현재 행정구역 이름으로 삼천포는 존재하지 않는다. 1995년 5월 당시 삼천포시와 사천군이 통합해 사천시가 됐기 때문이다. 하지만, 삼천포에 가면 곳곳에서 삼천포란 이름을 발견할 수 있다. 삼천포는 옛날부터 예쁜 항구 도시였다. 아기자기한 풍경이 여전한 삼천포 해안을 따라 즐거운 산책에 나서보자.

먼저 삼천포용궁수산시장에 들러 든든하게 배를 채운다. 시장 주변에 횟집이나 해물탕집이 많다. 그리고는 수산시장을 한 바퀴 둘러본다. 바다를 따라 길쭉하게 이어진 시장에 320여 개 점포가 나란히 있는데, 그 풍경만으로도 삼천포의 매력을 느끼기에 충분하다. 수산시장 앞 어선 가득한 항구 풍경도 인상적이다.

용궁수산시장 가까이에 노산공원이 있다. 지금은 완전히 육지지만, 옛날에는 썰물이 돼야 육지와 연결되는 섬이었다. 이 섬에 '호연재'란

삼천포 용궁수산시장.

서당이 있었는데, 아이들이 육지에서 놋다리를 건너 글공부를 하러 다녔다고 한다. 현재 공원 안에 복원된 서당이 있는데, 그 옆에 박재삼문학관이 있다. 박재삼은 한국 문학사에서 중요한 서정시인이자 소설가다. 문학관 자체도 의미가 있지만, 문학관으로 가는 공원 산책로가 제법 걷는 맛이 있다.

노산공원 박재삼문학관 가는 길.

　노산공원에 갔다면 바닷가에 있는 삼천포아가씨 동상을 빼놓지 말아야 한다. 검은 바위에 다소곳이 앉은 황동색 인물상이 묘한 느낌을 준다. 은방울자매가 부른 '삼천포아가씨'^반 _{야월 작사·송운선 작곡}란 노래를 주제로 만든 동상이다. 1960년대 삼천포항에서 부산 마산 통영 등지로 오가는 연안여객선을 바라보며 하염없이 임을 기다리는 아가씨 마음을 담았다고 한다. 노래는 몰라도 동상 그 자체도 인상적이고, 동상이 바라보는 바다 풍경도 멋져서 한 번 들러볼 만하다.

다음에 들른 곳은 대방진굴항이다. 굴항이란 게 원래 조선시대 군사시설이다. 바닷가에 육지 쪽으로 물길을 파서 전투선을 숨기는 용도로 썼다. 좁은 입구를 지나면 둥글고 넓은 정박시설이 나오는 구조다. 대방진굴항은 이순신 장군이 거북선을 숨긴 장소이기도 하다. 대방진굴항에 간 것은 이런 역사적인 이유 때문만은 아니다. 여기 운치가 정말 좋다. 육지 쪽으로 쑥 들어온 항구의 곡선, 그 부드러운 곡선을 가득 채운 아름드리나무들 아래를 거니는 것 자체로 훌륭한 산책이 된다.

삼천포아가씨 동상.

바다 위 주황색 대교·녹색 섬·케이블카의 조화가 눈앞에 펼쳐진 삼천포대교공원.

삼천포대교공원은 삼천포창선대교 삼천포 쪽 출입구 바닷가에 있는 넓은 광장이다. 이곳은 보통 가자마자 바로 바닷가로 향하게 돼 있다. 바다 건너로 웅장하게 뻗어 있는 삼천포창선대교가 주는 압도적인 풍경 때문이다. 날이 좋으면 바다색이 정말 푸른데, 푸른 바다와 주황색 대교와 녹색 섬과 요즘에는 또 사천케이블카까지 더해져서 제대로 여행지 풍경을 보여준다. 주차장 입구에 보면 사천문화재단에서 운영하는 사천미술관도 있는데 매번 제법 괜찮은 전시들이 이뤄지고 있다.

대교공원에서 그대로 바닷가를 따라 달리는 실안해안도로는 풍경도 좋고, 요즘에는 멋진 카페들도 많이 들어서서 드라이브하기 좋다.

대방진굴항.

삼천포대교 공원 내 사천미술관.

"우리나라 대표 박재삼 시인의 일대기를 만나는 곳"

최희선 박재삼문학관 직원

삼천포에서 자란 박재삼 1933~1997은 우리나라 대표 서정시인이다. 그의 시에는 가난, 슬픔, 죽음이 녹아있고 그는 삶 속의 아름다움을 노래했다. 그는 〈춘향이 마음〉, 〈천년의 바람〉 등 시집 15권과 수필집 10권을 냈다.

노산공원 내 박재삼문학관 내부.

노산공원에 있는 박재삼문학관은 지난 2008년 개관했다. 문학관 입구에 들어서면 박재삼의 흉상이 관람객을 반긴다.

1층에서는 시인의 삶과 문학에 대한 정보, 그의 대표작이 나열돼 있고 2층에는 시인의 일대기를 영상으로 만나볼 수 있다. 3층은 어린이 도서관과 휴식공간이다.

박재삼문학관에서 일하는 최희선(59) 씨에게 궁금한 점을 물었다. 노산공원의 노산이 혹시 시인 이은상의 호와 연관이 있는지, 왜 박재삼문학관이 노산공원에 지어졌는지 말이다.

최 씨는 "많은 분들이 노산공원을 노산 이은상과 연관지어 생각하는

데 전혀 아니다"며 "노산공원은 옛날에는 물이 들면 섬이 되어 이곳에 있는 서당 호연재를 오려면 아이들이 징검다리를 건너야 했다. 그 징검다리를 늣다리라 불렀고 그게 노산이 되었다는 설이 있다"고 말했다. 박재삼 시인의 생가터는 노산공원 근처에 있으며 현재 김밥집으로 변했다.

그는 "박재삼문학관을 찾는 사람들은 외지인, 학생들이 많다"며 "삼천포 사람들에게 노산공원은 데이트 장소로도 유명해 그때의 추억을 되새기려고 많이들 찾는다"고 말했다.다. 박재삼 시인의 생가터는 노산공원 근처에 있으며 현재 김밥집으로 변했다.

··

"아버지가 운영하던 정비소를 복합문화공간으로…"

카페 정미소.

이가형 카페 정미소 대표 이야기만 익히 들었는데 직접 가보니 정말 멋진 공간이었다. 이가형(41) 대표는 1953~2016년 할아버지와 아버지가 운영하던 정미소를 지난 2017년 복합문화공간으로 바꾸었다. 커피를 마시는 카페, 전시

카페 정미소.

와 공연이 열리는 공간, 책을 읽는 작은 도서관으로 말이다.

삼천포 출신인 이 대표는 홍익대 동양화과를 졸업한 작가다. 대도시와 비교해 문화를 향유할 수 있는 공간이 적은 삼천포에 그는 새로운 공간을 만들고 싶었다.

카페 정미소는 옛 정미소 본연의 느낌을 살렸다. 입구에 들어서자마자 눈길을 사로잡은 빨간 쌀 승강기와 석발기, 군데군데 놓여있는 인테리어 소품에서 카페 주인장의 마음을 읽을 수 있었다. 이 대표에게 삼천포의 매력을 물었다. 그는 "자연풍광이 너무 이쁘다"며 "산, 바다, 들이 적절하게 이루어져 있고 개인적으로 바닷가 쪽을 좋아하는데 낙조가 아름다운 실안해안을 좋아한다"고 말했다. 그리고 고향은 그가 그림을 그리는 데 영향을 주었다. 이 대표는 "아무래도 자연을 보고 자랐으니까 자연스럽게 동양화를 전공하지 않았나 생각이 든다"며 "그동안 섬이나 바다에 대한 자료를 수집해왔고 이걸 어떻게 작업으로 풀지는 작가로서 과제다"고 말했다.

11

거제시 **거제면**

"곳곳서 옛 지역 모습 볼 수 있어
옥산성지서 본 기성 8경 일품"

난개발 피한 마을,
시간의 발자국 오롯이

거제면은 거제 지역의 오랜 중심이었다. 조선시대부터 근현대에 이르기까지 거제 지역 역사가 지금도 많이 남아 있는 게 그 증거다. 거제에서 조선 산업이 번창하면서 거제읍에서 거제면으로 줄어들긴 했지만, 그렇기에 오히려 곳곳에 정겨운 옛 풍경이 그대로 남아 있어 거니는 즐거움이 크다.

거제면 동네여행을 떠나기 전 거제면사무소 앞에 설치된 관광안내판을 보면 거제면의 역사와 문화를 한눈에 살펴볼 수 있다.

쭉 살펴보다가 '기성 8경八景'에 시선이 멈추었다. 거제시 진출입로 광고판에서 본 '거제 8경'과 달랐다. 기성은 거제의 옛 이름으로 기성 8경은 계룡산 자락 아래 우뚝 솟은 옥산성지 수정봉 누각에서 본 거제면의 경관이다. 거제 8경이 거제시가 선정한 빼어난 풍경이라면 기성 8경은 조선시대 귀양 온 선비나 관료들이 반한 거제 풍경이다.

옥산성지에서 본 거제면 일대. 기성 8경은 이곳에서 본 여덟 가지 풍경을 말한다.

거제면사무소 건너편에서 국가지정문화재인 거제현 관아(국가사적
제484호)를 먼저 둘러보기로 했다. 관아는 조선시대 나랏일을 보는 관
청이다. 지금의 관공서라 보면 된다. 거제현 관아는 고을 사또 집무소
인 동헌과 객사인 기성관, 하급 관리들이 근무하던 질청 등으로 구성
됐었다. 지금은 동헌 자리에 면사무소가 있다. 객사인 기성관은 정면
9칸, 측면 3칸의 사방이 트인 마루를 갖췄다. 규모로 볼 때 통영 세병
관, 진주 촉석루, 밀양 영남루와 더불어 경남 4대 누각 중 하나로 꼽힌
다. 질청 앞에 버스정류소가 있는데, 동네 주민들이 질청 앞 의자에 앉
아 버스를 기다리거나 쉬었다 가는 모습이 뭐랄까, 생경하지만 정겹다.

거제현 기성관 뒤로 국가등록문화재 제356호 거제초등학교 본관이
보인다. 외관부터가 엄청나게 단단해 보이는 이 학교는 1956년 준공된
화강석으로 된 건물이다. 주민과 학부형들이 거제에서 풍부하게 생산

거제현 관아 객사인 기성관.

화강암으로 된 근대건축 거제초등학교 본관.

되는 화강석을 직접 운반하고 쌓았다고 한다. 멀리서도 눈길을 사로잡은 예수성심상이 있는 곳은 거제성당이다. 1935년 거제군 동부면 명진리에 설립돼 1946년 현 위치로 옮겼다. 현 성당 건물은 1957년 건립됐고 거제초등학교 본관처럼 외벽이 화강석이다. 성당 앞 주택가에 오래된 목욕탕 옥수탕 건물도 독특하다.

오랜 주택가에 있는 옥수탕.

상큼한 다큐멘터리 영화 〈땐뽀걸즈〉이승문 감독, 2017년로 유명한 거제여상을 지나면 반곡서원이 있다. 1679년 우암 송시열1607~1689 선생이 유배생활 당시 머물렀던 곳에 거제 유림이 그를 기리고자 1704년 창건했다. 반곡서원 옆 계룡산 등산길을 따라가면 옥산성지다. 경상남도기념물 제10호 옥산성지는 거제부사 송희승이 백성을 강제로 동원해 8개월 만에 쌓은 성이다.

옥산성지 정상 수정봉 누각에 서니 눈앞으로 거제면과 주변 풍경이 파노라마처럼 펼쳐진다. 마치 산신령이라도 된 것처럼 이 마을을, 동네를 한 품에 안을 수 있을 것 같다.

우암 송시열의 뜻을 잇는 반곡서원.

옥산성지 정상에 서면 거제면과 주변 풍경이 파노라마처럼 펼쳐진다.

"거제는 난개발이 되지 않은 곳,
전통을 살려 콘텐츠를 만들고파"

정홍연 갤러리 거제(Gallery Geoje) 대표
거제시 거제면 읍내로에 있는 갤러리
거제는 거제 전체로 봐서도 흔하지
않은 민간 갤러리다. 전시 기획도 여
느 전문 갤러리 못지않다.
작품을 팔아야 하는 상업 갤러리가 도심
이 아니라 굳이 거제면에 자리를 잡은 이유는
뭘까. 갤러리 거제 정홍연(58·사진) 대표는 남편 직장을 따라 거제에
온 뒤 평소 문화재와 학교가 많은 거제면을 눈여겨봤다가 2016년 지
금 자리에 갤러리 문을 열었다. 학생들이 오며 가며 자연스럽게 갤러
리를 둘러보게 하겠다는 뜻도 있었고, 앞으로 지역 문화유산을 현대
미술과 접목해 보겠다는 야심에 찬 꿈도 있었다.
"거제에 갤러리를 열 생각을 했을 때 처음에는 바다가 보이고 환경이
아름다운 장소를 생각했어요. 그러다 일반적인 상업 갤러리에서 벗어
난 공간을 만들고 싶어서 옛 거제 중심지였던 거제면에 자리를 잡게
됐습니다. 거제면은 난개발이 되지 않아 70~80년대 모습을 간직한 지
역이에요. 전통문화유산을 살려 현대미술과 접목한 새로운 콘텐츠를
만들어낼 가능성이 큰 곳이죠."

거제면에서 갤러리를 운영한 지 4년째, 조금씩 그 꿈을 실현해 가고 있다.

"현재 동상이몽길이라는 이름의 프로젝트를 진행하고 있어요. 거제현 관아 주변에서 갤러리까지 이어지는 동네 유휴공간에 예술을 접목해 벤치를 설치하고 벽화를 그릴 예정입니다."

....

"거제에서 이만큼 살기 좋은 곳은 없을 것"

김정희 마마의 취미생활 대표

거제시 거제면 읍내로에 있는 '마마의 취미생활' 김정희(57·사진) 대표는 김해시 진영읍이 원래 고향이다.

거제로 시집와 거제면에서 산 지 올해로 32년째가 됐다. 이제는 고향 김해보다 거제에 산 세월이 더 많다. 김 대표는 원래 거제 도심인 고현동에서 9년간 한지공예 전문 매장을 했었다. 그러다 거제면으로 자리를 옮겨 8년째 마마의 취미생활이라는 공간을 운영하고 있다.

김 대표가 생각하는 거제면의 매력은 먼저 아이들이 자라기 좋은 환경이라는 사실이다. 문화재와 학교가 많기도 하고, 거제향교나 반곡 서원 등 전통 시설이 주변에 있어 학생들을 대상으로 예절·한문 교육 등을 열기도 한다.

여기에 김 대표가 느끼기에 거제면 사람들은 다른 지역보다 때 묻지 않은 순수함이 있다.

"거제면은 인심 좋고 순박한 사람이 많아요. 거제면에 5일장이 열리는 전통시장이 있는데, 옛날처럼 북적이진 않지만 지금도 할머니들이 장날에 나와 물건을 파는 모습들이 재미있어요. 그래서 저는 거제에서 이만큼 살기 좋은 곳은 없다고 생각해요."

국가등록문화재 거제초등학교 본관.

12

📍

함양군 지곡면

"세월 쌓인 삶의 흔적 고스란히,
선비의 풍류가 깃든 마을"

고택 멋에 반하고
정겨운 일상에 취하고

함양은 사방이 산으로 둘러싸인 고장이다. 남쪽에서는 지리산이, 북쪽에서는 덕유산이 줄기를 뻗쳐 감쌌다. 이런 산줄기가 펼쳐놓은 골짜기와 계곡, 그리고 들판 곳곳에 정자와 누각, 서원 같은 유교 문화재가 많다. 김종직, 유호인, 정여창, 박지원 같은 출중한 함양 선비와 그 후손들이 남긴 유교 문화 자산이다.

세계문화유산으로 등록된 남계서원을 포함해 당주서원, 백연서원, 도곡서원, 구천서원, 용문서원 등 함양 지역 서원들이 선비들의 학문을 상징하는 곳이라면 안의면 화림동 계곡을 따라 수묵화처럼 자리 잡은 정자들은 함양 선비의 풍류를 상징하는 장소다.

여기에 지곡면 면 소재지 근처 개평한옥마을은 함양 선비들의 생활을 상상해 볼 수 있는 곳이다. 이 마을은 함양을 대표하는 선비 일두 정여창^{1450~1504}의 고향이다.

정여창은 이황, 김굉필, 조광조, 이언적과 함께 조선시대 유학을 크게 발전시킨 '동방오현東方五賢'으로 불린다.

개평한옥마을에는 14세기에 경주 김씨와 하동 정씨가, 15세기에 풍천 노씨가 들어와 살기 시작했는데, 지금도 마을 주민은 풍천 노씨와 하동 정씨가 대부분이다.

마을에는 지은 지 100여 년이 되는 한옥 60여 채가 남아 있는데, 그 중심은 일두 정여창 생가 자리에 후손들이 지은 일두고택이겠다.

개평한옥마을 풍경.

1만여 m²약 3000평 부지에 사랑채, 행랑채, 안채, 곳간, 별당, 사당 등이 자리 잡았는데, 전형적인 경남 양반 가옥으로 현재 국가 중요민속문화재 제186호로 지정돼 있다. 그러다 보니 KBS 드라마 〈토지〉1987년, MBC 드라마 〈다모〉2003년, 2019년 tvN 드라마 〈왕이 된 남자〉 등 지금까지 여러 번 드라마 배경으로 등장했다. 특히 요즘에는 2018년 방영된 tvN 드라마 〈미스터 선샤인〉에서 주인공 중 고애신의 집으로 유명하다.

대문은 사대부 권위를 상징하는 솟을대문인데, 대문 지붕 아래 집안에서 배출한 효자와 충신을 적은 5개 문패가 달렸다. 대문을 지나 바로 보이는 건물이 사랑채인데, 벽에 커다랗게 적힌 '忠孝節義충효절의' 한

자가 인상적이다. 18세기에 지은 사랑채 말고는 16세기 정도에 지은 것이라 한다. 그동안 여러 번 고쳤겠지만, 그래도 수세기를 이어 살아온 곳이라 생각하면 그 긴 세월을 이어온 삶의 흔적들을 가늠해 보기가 쉽지 않다.

일두고택에서 시작해 안내 지도를 따라 솔송주문화관, 하동정씨 고가, 오담고택, 풍천노씨대종가, 노참판댁 고가 등을 차례로 둘러보며 저마다 특색 있는 부분을 비교해보는 일도 재밌다.

무엇보다 고택을 오가는 중에 지나는 골목이 정말 정겹다. 관광지이기도 하지만, 대부분 한옥이 실제 살림집이기도 해서 시골 생활이 그

오담고택

일두고택 사랑채

대로 묻어난다. 마당에서 붉게 마르는 고추, 흙담에 기댄 참깨 다발 같은 것들이 그렇다. 여기에 골목에서 만나는 흙담 사이로 뿌리내린 능소화, 수줍게 담 너머로 가지를 넘긴 석류나무 등은 한옥마을의 운치를 한껏 더한다.

참, 마을을 둘러보기 전 일두고택 홍보관에 먼저 들러보자. 이곳에서 문화관광해설사의 설명을 먼저 들으면 고택 산책이 훨씬 풍성해진다.

개평한옥마을 골목.

"개평 한옥마을은 꾸밈이 없는 본연의 아름다움이 있는 곳"

일두홍보관.

박행달 문화관광해설사

함양 개평마을을 처음 방문한다면 먼저 가봐야 할 곳이 '일두 홍보관'이다. 정여창 선생 정보는 물론 문화관광해설사의 친절한 설명과 마을지도가 있어 동네여행을 하기 좋다. 단, 문화관광해설사의 설명을 듣고 싶다면 방문 전 함양군 홈페이지에서 미리 신청해야 한다.

박행달(55) 씨는 지난 2010년부터 문화관광해설사로 활동하고 있다. 그는 함양 역사와 문화, 자연에 대해 초등학교 수준으로 쉽고 재밌게, 편안하게 해설해 사람들에게 인기가 많다. 박 해설사는 시집을 여러 권 낸 시인이기도 하다.

그는 함양군 관광안내지도를 펼치며 "우리 군은 한자 '눈 목目' 자의 모양을 띠는데 이 중 개평마을은 심장부에 위치했다"고 설명했다.

TV조선 예능 〈시골빵집〉과 tvN 드라마 〈미스터 선샤인〉 촬영지로 개평마을이 유명해지면서 관광객이 많이 방문했다. 노무현, 이명박, 문재인 등 전·현직 대통령도 방문한 곳이다.

박 해설사는 "도숭산이 품은 개평 한옥마을은 안동이나 전주와 비교하면 꾸미지 않고 있는 그대로의, 조선시대 한옥 본연의 아름다움이 있는 곳"이라며 "개인적으로 개평마을 중 좋아하는 곳은 기념물로 지정된 소나무 군락지"라고 말했다.

18대 종손이 운영하는 북카페 '지인공간'

김지인 지인공간 대표

일두 정여창 선생의 고택 맞은편에 있는 '지인공간'은 지난 2018년 9월 문을 열었다. 규모가 꽤 크다. 이곳은 출판사에서 운영하는 복합문화 공간이다. 금·토·일요일과 공휴일에만 문을 연다. 강연과 학술대회, 공연을 기획·운영하며 북카페와 젊은 창작 국악그룹 '불세출'의 후원회 사무실이 있다.

북카페 지인공간.

주인장은 서울 출신으로 출판업에 종사하고 있는 김지인(50) 씨. 그의 큰 외삼촌은 일두 정여창 선생의 18대 종손이다. 김 대표는 "저희 남매들이 운영하는 출판사 진인진의 지사를 외가 동네에 차려 여생을 보내고 싶었다"며 "지인공간 사업자를 별도로 냈지만 진인진과 협업하며 출판을 하고 있다"고 말했다. 지인공간은 개평마을을 오가는 사람들이 휴식하고 문화를 향유하는 공간이다. 지역민에게도 고마운 공간이다. 김 대표는 지난해 지곡면 지역사회보장협의체와 업무협약을 통해 취약계층 가구에 직접 만든 빵을 후원하기도 했다. 2년 가까이 북카페를 운영하면서 몸소 느꼈던 개평마을의 매력에 대해 그는 "일두고택을 위시한 아름다운 한옥들과 수려한 산세가 어우러진 유서 깊은 곳"이라며 "자연과 함께 조용하게 살 수 있는 곳"이라고 말했다.

13

양산시 **물금읍**

"신라-가야 충돌했던 낙동강변 요충지,
일본인 살았던 서부마을-신도시 대조"

시골·도심 함께 하는 이 마을에
즐거움도 아기자기

　양산시 물금읍 하면 퍼뜩 떠오르는 장면은 아파트로 가득한 신도시다. 하지만, 좀 더 살펴보면 오래된 주택가도 있고, 넓은 들판을 낀 시골마을도 있다. 이런 풍경들이 묘하게 공존하고 있는 곳이 물금이다.

　물금 지역은 신라와 가야가 충돌했던 낙동강변 요충지였다. 삼국사기에는 황산이라는 지명으로 나온다. 물금은 한자로 '勿禁'인데, 무언가 강하게 '하지 말라'는 뜻이 담겨 있다. 유래와 관련해 두 가지 이야기가 있다. 먼저 가야와 신라가 낙동강을 사이에 두고 국경을 접할 때 물금 지역만은 서로 금하지 말고 자유롭게 왕래하자고 했다는 게 하나다. 다른 하나는 이 일대가 낙동강 습지로 물난리가 많이 났기에 수해가 없도록 기원하는 뜻에서 '물을 금한다'는 뜻을 담았다는 설이다.

　물금은 양산에서도 일찍 근대화가 시작된 곳이다. 물금역 덕분이다. 1905년 일제가 경부선을 개통할 때 함께 시작된 역이다. 긴 역사를

물금역.

이어 지금도 운영되고 있다. KTX 정차역은 아니고, 새마을호와 무궁화호만 다닌다. 열차 시간표를 보니 부산역에서 출발해 서울 방향으로 가는 기차가 제일 많다. 이 외에 목포, 보성, 순천 등 전라도 쪽으로 가는 기차도 있다. 물금역에서 이어지는 서부마을은 일제강점기 일본인 거주지였다. 철도를 따라 들어온 이들이다.

"1905년 경부철도 개통 때 물금역은 지금보다 위쪽인 서부마을 언저리에 있었었다. 1939년에 배후 터가 넓은 지금의 자리로 옮겼다. 물금역을 이전한 1939년은 일제가 국가총동원법을 시행하며 본격적으로 물자를 공출하고 인력을 징발하던 시기와 맞물린다."

물금 신도시 풍경.

물금읍에서 문화공간 시루문화방아터를 운영하는 이헌수 대표의 이야기다. 서부마을은 오랫동안 낡은 주택가 동네로 남아 있었는데, 그 나름으로 운치가 있어 요즘에는 새로 예쁜 공간들이 제법 들어서고 있다. 특히 탑마트와 물금농협 사이 골목 주변에 공간들이 많은데 이곳을 '서리단길'로 부른다. 서부마을과 서울 경리단길을 합친 말로 그만큼 아기자기한 즐거움이 있다는 뜻이다.

서부마을 서리단길.

서부마을에서 양산 도심 쪽으로 가다 보면 몇 분만에 갑자기 풍경이 신도시로 바뀐다. 신도시 덕에 물금읍은 현재 인구가 약 12만 명으로 지금도 인구가 늘고 있다. 2017년 3월 처음으로 인구 9만을 돌파할 때는 인구 자체만으로 전국적인 주목을 받기도 했다.

아파트촌 사이 빌라촌에는 다양한 카페와 음식점들이 거대한 도심의 숨통 노릇을 한다. 요즘에는 안녕 고래야 같은 동네책방도 생겼다.

도심 거리를 거닐다 다시 낙동강변 증산133m을 향해 가면 다시 몇 분만에 풍경이 완전히 바뀐다. 양산천이 낙동강을 만나는 자리에 펼쳐진 물금들판이다. 예전에는 지금보다 훨씬 넓었을 테다. 증산마을에서 증

증산 자락에서 본 증산마을과 물금 들판.

산 자락에 올라 보는 풍경은 영락없는 시골 풍경이다. 물론 반대편으로 시선을 돌리면 바로 아파트 숲이 보이다. 마을을 지나 강변에 있는 황산공원을 마지막으로 둘러본다. 야구장, 배구장, 농구장, 족구장은 물론 캠프장과 선착장까지 갖춘 엄청나게 넓은 공원이다. 이곳만 거닐어도 한나절이 걸릴 것 같다. 황산공원을 따라 난 철로 위로 가끔 무뚝뚝하게 기차가 지난다.

물금 신도시 풍경.

신도시와 대조를 이루는 서부마을.

"옛 방앗간이 있던 터에 자리잡은 마을 사랑방"

이헌수 시루문화방아터 대표

이헌수(49·사진) 시루문화방아터 대표는 양산여고에서 문학을 가르치는 국어 교사다. 교직에 첫발을 들인 1999년부터 지금까지 21년을 양산에서 살았다. 창원에서 학창시절을 보낸 그는 지난해부턴 양산시 물금읍 증산마을 주민들과 시루문화방아터라는 지역 문화 복합공간을 운영 중이다. 옛 방앗간이 있던 터에 자리를 잡은 곳이다. 시루문화방아터는 마을 사랑방 노릇을 한다. 주민들이 책을 읽거나 영화를 볼 수 있고, 함께 문학 답사도 한다. 물금 신도시에서도 시골에 속하는 증산마을의 매력은 뭘까.

"도심과 달리 이곳은 수평적으로 생활이 움직이는 곳이라고 할 수 있어요. 도심 아파트에서는 윗집에서 통닭 냄새가 나면 아랫집에서는 '윗집에서 통닭을 시켜 먹었구나'하고 기억을 하게 되잖아요. 이렇게 도심에서는 위아래 층으로 배달된 음식의 냄새를 통해 우리의 식습관이 교류되지만, 여기서는 어른들이 지나가다 들러서 먹으라고 슬쩍 주고 가는 식이에요. 수평적으로 눈앞에서 교류가 이뤄져요. 낭만적으로 들리지만 이런 게 좋아요."

"엄마의 입장에서 만든 편한 공간을 만들다"

조여경 안녕 고래야 대표

물금읍 신도시 도심에 있는 동네책방 안녕 고래야 조여경(37·사진) 대표는 친구와 함께 2018년 그림책 전문 동네책방을 열었다. 책방 이름은 상호는 줄리 폴리아노의 그림책 〈고래가 보고싶거든〉에서 영감을 받았다. 책뿐만 아니라 간단히 앉아서 음료를 마실 수 있는 공간도 마련돼 있다. 부산에서 살다가 양산으로 이사 온 조 대표가 이곳에 책방을 차린 이유는 무엇일까.

"아이를 키우는 엄마의 입장에서 어떤 일을 해볼까 고민을 했어요. 그러던 중 양산에도 엄마가 아이의 손을 잡고 맘 편히 갈 수 있을 만한 공간, 아이에게도 도움이 되는 공간이 있으면 좋겠다고 생각했죠."

안녕 고래야는 매장 책 판매는 물론 책방 주인이 추천하는 도서 구독 서비스, 강연, 모임 등 다양한 형태로 사람들과 소통한다. 주로 젊은 엄마들이 아이들을 데리고 많이 찾는다. 조 대표가 그림책을 중요하게 생각하다 보니 그림책 작가를 준비하는 사람들도 종종 찾는다. 조 대표가 보는 물금 신도시의 매력은 뭘까.

"아이 키우기 편한 동네에요. 평지다 보니 유모차를 끌고 다니기 편하고 부산대병원, 황산공원, 디자인공원 등이 있어 좋아요."

주련(柱聯)해설

14

📍

함안군 함안면

"고려시대부터 함안 중심지
국밥촌·민속박물관 인상적"

선비들 거닐던 무진정 연못가
고요한 풍경 여전

현재 함안군에서 제일 번화한 곳은 함안군청이 있는 가야읍이다. 하지만, 한국전쟁 이전까지는 함안의 중심지는 함안면이었다. 지금 함성중학교가 옛 군청이 있던 자리다. 함안면은 고려시대부터 함안지역 관아가 있던 읍치 노릇을 해 온 곳이다. 주변에 읍성 흔적도 남아 있다.

읍에서 면으로 규모가 줄긴 했지만, 함주^{함안의 옛 이름}, 읍성, 읍내 같은 함안면의 오랜 역사는 지금도 함성중학교, 함읍우체국, 천주교 마산교구 함읍공소 같은 이름으로 남아 있다. 그래서일까. 함안면 거리를 걸으면 아주 오랜 추억 같은 느낌이 든다. 요즘에는 이 추억 같은 거리의 매력을 알아본 사람들이 속속 새로운 공간들을 열고 있다.

함안면 산책을 함안면 괴항마을에 있는 무진정^{無盡亭}에서 시작한다. 소박한 정자와 부평초^{개구리밥} 가득한 연못, 그 위를 가로지른 퇴색한 돌다리가 꽤 운치를 더하는 곳이다.

소박한 정자와 부평초가 가득한 연못.

무진정.

　무진정은 조선 전기 문신인 조삼이 1542년에 지은 정자다. 생육신 중 한 사람인 어계 조려의 손자로 무진은 그의 호다. 당시 풍기군수로 있던 유명한 학자 주세붕이 적은 기문을 보면 무진정의 풍치가 어땠을지 짐작할 수 있다.

　"선생은 다섯 고을의 원님을 역임하다가 일찍이 귀거래사를 읊으시고는 이 정자의 높은 곳에 누워 푸른 산, 흰 구름으로 풍류의 병풍을 삼고, 맑은 바람, 밝은 달로 안내자를 삼아 증점^{공자의 제자}의 영이귀 같은 풍류를 누리고 도연명의 글과 같은 시흥을 펴시면서 고요한 가운데 그윽하고, 쓸쓸한 가운데 편안하고, 유유한 가운데 스스로 즐기시면서 화락하게 지내셨다."

　매년 4월 초파일 부처님 오신 날에 '함안 낙화놀이'가 열린다. 전국에서 처음으로 무형문화재로 지정된 전통 불꽃놀이다.

　무진정에서 함안면 방향으로 넓은 논이 펼쳐졌고 그 너머로 함안역이 보인다. 경상도와 전라도를 잇는 경전선 복선전철화로 2012년 지금 자리로 옮겼다. 역사는 아라가야 특유의 불꽃무늬 토기를 형상화했다. 함안역을 지나면 본격적으로 함안면 중심이다.

함안면사무소 뒤편 널찍한 공터에 자리 잡은 한우국밥촌은 전국적으로 유명하다.

국밥촌이지만 국밥집은 단 세 곳. 하지만, 공휴일이면 줄을 서야 할 정도로 사람들이 많이 찾는다. 국밥촌은 오래전 번화했던 함안 오일장의 유산이다. 가장 오래된 식당의 역사가 50년이 넘는다. 국밥촌에서 파는 쇠고기국밥은 쇠고기, 선지, 콩나물, 무가 들어가는데 함안 국밥만의 독특함이 있다.

함안면 한우국밥촌의 쇠고기국밥.

국밥촌 옆으로 난 좁은 골목을 빠져나오면 함안면사무소와 천주교 마산교구 함안성당 함읍공소가 있는 큰길이다. 공소公所는 사제가 상주하지 않는 성당을 말하는데, 별다른 장식이 없는 조립식 단층 건물, 입

문학평론가 조연현 생가 설명 비석.

구 위로 단정하게 세워진 십자가가 함안면 분위기와 썩 잘 어울린다.

주변 주택가 골목으로 쑥 들어가면 오래된 것과 새것의 조화가 묘하다. 예컨대 나무기둥이 그대로 드러나는 시멘트 담벼락이나 말끔한 붉은 벽돌 양옥집에 기대 서 있는 낡은 나무 헛간. 화려한 색감의 주유소 담벼락을 마주 보는 낡은 흙담 같은 것이다. 이런 풍경 가운데 현대 한국 문학사에서 중요한 인물 중 한 명인 문학평론가 석재 조연현(1920~1981) 생가가 남아 있다.

큰길 양옆으로도 오래되고 낮은 가게들이 낡은 모습 그대로 남아있다. 큰길로 가다 보면 함안초등학교 입구 옆에 함안민속박물관이 보인다. 함안초에서 교육용으로 지은 것인데, 숯을 넣어서 다리는 다리미, 요즘에는 잘 쓰지 않는 손 농사 도구 등 요즘 젊은이들이 보면 신기한 생활도구가 많다.

바로 옆 함성중학교는 옛 군청 자리이기도 하지만, 그 이전에는 함안현 관아가 있던 곳이다. 지금도 학교 주변에 그 흔적이 남아 있다.

학교 입구에는 역대 함안 고을 수령의 선정비들과 통일신라시대에 만들어진 주리사지 사자석탑이 있다.

주택가 골목으로 쑥 들어가면 오래된 것과 새것의 조화가 묘하다.

함성중학교 입구 주리사지 사자석탑.

"처음에는 카페만 보고 왔다가
동네를 거닐고 가시는 분이 많아"

이정민 카페 해담 대표

함안면 함안초등학교 앞에 10년이 넘은 폐가가 한 채 있었다. 주민들에게는 골치 아픈 우범지역으로 군에 철거 민원도 넣었던 곳이다. 이곳이 말끔하게 새로 태어나 예쁜 카페가 되었는데, 그게 지금 카페 해담이다.

함안면 카페 해담.

카페가 들어선 지 이제 1년. 조금 외진 것 같지만 주말이면 많은 젊은이가 사회관계망서비스(SNS)를 보고 찾아오는 명소가 됐다. 해담은 모녀가 공동대표로 있다. 가족들이 직접 운영하는데, 실제 건물주는 딸 이정민(38) 대표다.

"아버지 고향이 근처 가야읍 도항리예요. 오빠랑 저랑 시골 촌집을 꾸며 공간을 만들고 싶은 로망이 있었는데, 아버지 고향과 가까운 함안면에 적당한 빈집을 구한 거죠."

한우국밥촌 말고는 유명한 곳이 없던 함안면 거리에 젊은이들이 몰려드니 주민들이 아주 반가워했다고 한다. 이 대표가 생각하는 함안면의 매력은 역시 오래되고 낡아서 정겨운 풍경이다.

"처음에는 카페만 보고 오셨다가, 커피 마시고 동네를 거닐고 가시는 분이 많아요. 이곳에는 골목마다 오랜 시골 정서가 남아 있거든요. 골목 촌집 대문 하나만 봐도 너무 정겹다고들 말씀하시죠. 함안면은 동네 한 바퀴만 거닐어도 치유^{힐링}가 되는 곳이에요."

. . . .

"풍경이 좋아 무진정으로 자주 오다
결국 옆에 카페를 차려"

함종혁 카페 식목일 대표

'어? 여기에 카페가 있네?'
함안면 괴항마을에 있는
무진정을 거닐다가 문득
발견한 카페 식목일.
언뜻 시골 가게 같은 외관
인데, 내부를 아주 잘 꾸
며놨다. 그리 크지 않지만

무진정 옆 카페 식목일.

세 개로 나뉜 공간마다 무진정 방향으로 큰 창을 딱 하나만 내어서 풍경을 액자로 만들어 버렸다. 멀찍이 보면 그 창 아래 앉은 손님들까지

한 폭의 그림이 된다.

카페 식목일은 2020년 6월에 문을 열었다. 함종혁(29) 대표와 그의 여자친구가 함께 운영한다.

함 대표는 고향이 경북 포항이다. 함안하고는 인연이 없는데, 어떻게 이곳에 카페를 냈을까.

"무진정 때문이에요. 마산에 사는 여자 친구랑 자주 무진정으로 놀러 왔거든요. 주변 논이랑 마을 풍경도 마음에 들어서 계속 찾아오다가 결국 무진정 바로 옆에 가게도 차렸어요."

연고도 없이 가게를 차릴 정도로 그가 푹 빠진 무진정과 함안면의 매력은 뭘까.

"카페를 여름에 시작해서 그런지 어떨 때 보면 여름 방학 때 시골 할머니 댁에 놀러 온 느낌이 들어요. 카페가 한산할 때 주변 산책을 자주 하는데 함안천 둑길도 좋고, 귀항마을 골목도 아기자기해서 좋아요."

카페 식목일 내부.

15

📍

남해군
삼동면 지족마을

- -

"시간 멈춘 듯이 정겨운 '구거리'
책방·소품점·파스타집 곳곳에"

멸치만 떠올리면 섭섭…
젊은 취향 입은 옛 거리

삼동면 지족마을 거리.

남해에 가면 자주 멸치쌈밥을 먹었다. 상추에 흰 쌀밥을 한 숟가락 올린 뒤, 집게손가락만 한 멸치를 툭 올려 볼이 터질 듯이 먹는 그 맛이 참 좋았다. 이 멸치쌈밥을 먹으러 지족해협을 품은 삼동면에 갔다.

삼동면소재지 중심을 지나는 동부대로 1876번길. 주민들은 '지족 구거리'로 부른다. 멸치쌈밥집이 몰려 있는 남해삼동우체국과 삼동면사무소를 지나서부터 본격적으로 오랜 거리 풍경이 시작된다. 남해를 여러 번 갔건만 이 거리는 낯설었다. 하지만 왕복 2차로 도로, 그 옆으로 뻗은 오래된 건물들, 그리 높지도 그리 낮지도 않은 적당한 높이의 가로수길을 걸으니 낯섦은 생각보다 빨리 없어졌다.

지족리가 있는 삼동면三東面은 동쪽과 북쪽, 남해가 펼쳐져 있다. 북쪽은 창선대교로 이어진 창선면, 서쪽은 이동면과 접한다. 주곡작물 재배와 수산업이 활발하다. 남해의 별미 죽방멸치를 잡는 죽방렴竹防簾이 삼동면과 창선면 사이 지족해협에서 행해진다.

지족마을 구거리는 오래전 모습이 그대로 유지돼 시간이 멈춘 동네 같다. 주민들만 오갔던 동네에 서울이나 부산에서 온 젊은 친구들이 아기자기하고 재밌는 공간을 만들면서 외지인들의 발길이 늘었다.

독립서점 아마도책방, 소품가게 초록스토어, 꽃공방 플로마리, 파스타가게 씨어너볼sea in a bowl 등이 그곳이다.

독립서점 아마도책방.

서울에서 살다가 남해에 정착한 박수진 씨가 만든 아마도책방은 '너와 나, 우리를 어루만져주는 곳'을 지향한다.

독립출판물, 소규모 출판물, 아마도책방 자체 제작물을 판다. 책방을 둘러보면 주인장의 정성스러운 책 배치와 취향이 묻어난다. 책방을 방문한 이들도 주인장의 마음을 느꼈나 보다. "주인의 손길이 구석구석 닿지 않은 곳이 없는, 애정 가득한 동네 책방.", "책을 사랑하는 사람이라면 꼭 가야 할 곳. 서점에 들어서자마자 책 냄새와 포근한 책방 분위기가 느껴진다."(방문자 리뷰 중)

초록스토어는 엽서, 사진, 연필, 면가방, 아트상품 등을 판매하며 음료를 마실 수 있다. 녹색과 노란색, 갈색 등이 감각적으로 섞인 인테리어가 인상적이다.

지족마을 초록스토어.

지족마을 예술가 이용원.

거리를 걷다 보면 중·장년층에게는 추억을, 젊은 층에게는 호기심을 불러일으킨다.

다방, 이용원, 한약방, 사진관, 중국집, 비디오숍 간판은 요즘 유행하는 복고풍과 맞아떨어진다. 방탄소년단이 '다이너마이트' 뮤직비디오에서 복고풍 의상을 입고 음악에 맞추어 디스코를 추고 카세트테이프와 LP판이 다시 유행하는 것처럼 지족마을 구거리는 추억과 호기심을 자극하는 동네다.

1982년 영업을 시작한 정다방카페정은 '다방'이 생소한 젊은이들에게 인

정다방.

기다. 시어머니 뒤를 이어 다방을 운영 중인 주인장은 아직도 커피 배달을 한단다. 다방커피, 냉커피, 연유커피, 생강차, 율무차, 미숫가루 등요즘 카페에서는 만나보기 어려운 메뉴를 판다. 다방 한편에는 새마을운동을 상징하는 초록색 티와 모자, 커피 배달을 갈 때 사용하던 보자기 등이 전시돼 있다.

지족마을 죽방렴 탐방시설.

지족마을 구거리에서 차를 타고 5분만 가면 2010년 국가 지정 명승으로 지정된 '남해 지족해협 죽방렴'을 볼 수 있다. 죽방렴은 대나무 발 그물을 세워 고기를 잡는다는 의미에서 비롯됐다. 물때를 이용해 고기가 안으로 들어오면 가두었다가 필요한 만큼 건지는 재래식 어항이다.

죽방렴을 가로질러 걷다 보면 바다 위의 섬 '농가섬'이 있다. 입장료 3000원을 내면 차를 마시며 잘 관리된 정원을 눈에 품을 수 있다.

"영화 세트장 같은 지족 구거리에 반해 남해로 이사"

남미아 플로마리 운영자

시절인연時節因緣이라는 말이 있다. '모든 사물의 현상은 때가 돼야 일어난다'는 사자성어다. 만나고 헤어짐에는 다 때가 있다는 뜻을 가리킨다. 사람과의 인연처럼 무언가에 푹 빠지는 '인연'도 적절한 때가 있는 것 같다. 때가 되면 자연스레 만나게 되기도 하고 멀어지게 되기도 한다.

남해군 삼동면 지족마을에서 꽃 공방 '플로마리'를 운영 중인 남미아(40)씨의 경우도 그렇다. 남해 지족마을 구거리 분위기에 푹 빠져 잘 다니던 직장을 그만두고 남편과 함께 서울에서 남해로 귀촌했다. 벌써 남해 군민이 된 지 '5년 차'가 됐다고 한다.

꽃 공방 플로마리에서 본 지족마을 거리.

"서울에서 태어나 서울에서만 살았다. 서울에 있을 때는 밥 먹을 시간이 없을 정도로 바쁘게 지냈다. 그러다 아무런 연고가 없던 남해로 여름 휴가를 온 적이 있었는데, 영화 세트장처럼 꾸며져 있는 지족마을 구거리를 보고 예쁘다는 생각을 했었다. 그때 이후로 남해에 대한 좋은 인상을 받게 돼서 직장을 그만두고 남편과 함께 내려왔다."

남해에 정착한 지 5년 차에 접어든 지금도 그는 만족감을 느끼고 있을까. 지족마을만의 장점으로 무엇을 꼽을 수 있는지 물었더니 그에게서 이런 답이 돌아왔다. "2층을 넘는 건물이 거의 없다. 우리 건물만 2.5층 정도고 나머지는 거의 2층을 넘지 않는다. 한적한 동네 풍경이 정말 예쁘다. 처음 남해에 왔을 때보다 외지인들이 많이 들어왔는데, 서로 경쟁하고 서로 싫어하는 분위기가 여기는 없다. 경쟁이 없는 곳이다. 동네 어르신들도 정말 잘 챙겨주신다. 아는 사람 하나 없고 연고도 없는 곳이지만 지금도 이곳이 너무 좋다."

....

"지족마을에서만 47년째 사진관 운영, 30년전 마을 모습 지금과 비슷해"

이양규 뉴스타 사진관 대표

플로마리 건물 맞은편에서 만난 '뉴스타 사진관' 이양규(76·사진) 대표는 지족마을에서만 47년째 사진관을 운영하고 있다. 남해 출신인 그는 50년 경력의 베테랑 사진작가다. 지난 1973년에 사진관을 연 이후 몇 차례 장소를 옮겨 다닌 끝에 플로마리 길 건너편에 있는 지금의 터에 정착했다. 지금은 예전만 못하지만 잘나갈 때는 동네 회갑과 결혼식 등 삼동면 등지에서 열리는 행사 80~90%를 도맡아 사진 촬영을 하러 다니기도 했다고 한다.

"70~80년대에는 일이 정말 많았다. 새벽 2~3시까지 일을 하기도 했었다. 낮에는 촬영하러 다니고 밤에는 연필을 길게 깎아서 필름을 수정하고 그랬다. 요즘은 포토숍으로 사진 작업을 하지만 그때는 아니었다. 연필로 필름을 수정하고 밤 12시에 인화했다. 당시에는 호주머니에 돈이 얼마나 있었는지 몰랐다. 수

억은 아니었을지 몰라도 돈이 얼마나 있었는지 모를 정도는 됐다. 요즘은 디지털로 바뀌면서 일이 뜸해졌다."

잘나가는 사진관 대표로 있으면서 마을의 숱한 변화를 목격한 이 대표는 30년 전 마을의 모습이 지금의 모습과 다르지 않다고 했다. 도시 개발 목적으로 '소도읍 가꾸기'가 진행된 뒤 많은 변화가 있었는데, 그때 바뀐 모습이 지금까지 유지되고 있다는 것이다.

"처음 여기에 왔을 때는 비포장도로, 초가집, 돌판으로 지어진 슬레이트집이 자리 잡고 있었다. 소도읍 가꾸기 이후 마을 풍경이 많이 바뀌었다. 그때 모습과 지금이 크게 다르진 않다. 마을의 장점을 꼽자면 자연재해가 별로 없다는 점을 들 수 있다. 태풍이 오면 배들의 피항지가 이곳이었다. 마을이 경사져 있어서 물에 잠기는 일은 거의 없다고 보면 된다."

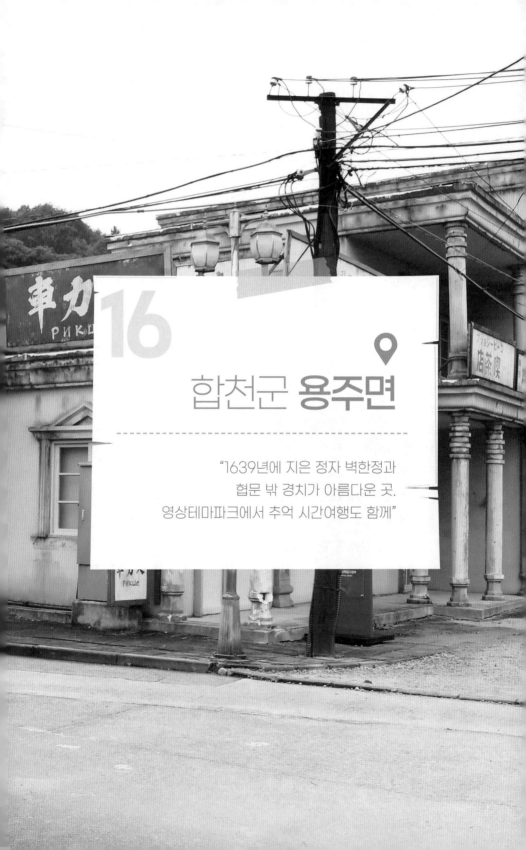

16

합천군 용주면

- -

"1639년에 지은 정자 벽한정과
협문 밖 경치가 아름다운 곳.
영상테마파크에서 추억 시간여행도 함께"

고령 박씨 집성촌엔
화백도 반한 풍경이

황강을 따라 좌우로 펼쳐진 합천군 용주면龍州面은 '용의 고장'이라 불린다. 과거 조고개면助古介面이라 불리었으나 1895년고종 32년 행정구역이 개편되면서 바뀌었다.

용의 고장답게 의룡산, 소룡산, 용덕골 등 유독 '용 용' 자가 붙은 곳이 많다. 용문정과 황계폭포, 합천호를 중심으로 국내 최대 규모의 철쭉군락지를 자랑하는 황매산군립공원, 합천호를 따라 핀 벚꽃이 백리에 이른다는 백리 벚꽃길 등 수려한 자연환경을 자랑한다. 합천 우곡리 폐사지경남기념물 제258호, 합천 벽한정경남문화재자료 제233호, 합천 용암서원 묘정비경남문화재자료 제302호 등 문화재도 빼놓으면 섭하다.

요즘 용주면은 합천영상테마파크가 있는 곳으로 많이 알려졌다. 2004년 건립된 국내 최대의 오픈세트장드라마·영화 따위의 촬영에 쓰

합천군 용주면에 있는 합천영상테마파크 내부에 설치된 세트장의 모습.

기 위하여 야외에 꾸민 장소이다. 영화 〈태극기 휘날리며〉를 시작으로
〈암살〉, 〈써니〉 〈택시운전사〉 등 190편의 영화, 드라마가 촬영됐다. 넓
이가 2만 2000평으로 꽤 넓다. 무작정 걷다보면 길을 잃을 수 있으니
출발 전 합천영상테마파크 지도를 꼭 챙기길 추천한다.

　1920년~80년대 거리가 현실감 있게 재연되어서 추억 사진 찍기에도
안성맞춤이다. 과거로 시간여행을 간 것처럼 옛 서울거리가 펼쳐져 있
기도 하고, 군데군데 음식점과 카페, 숙박시설이 있어 잠시 숨을 돌리

기도 좋다. 걷는 게 힘들다면 전기로 움직이는 마차, 인력거, 모노레일, 트램을 타도 된다. 테마파크 구경을 다 했으면, 바로 앞 황강을 따라난 덱길을 거닐어도 좋다. 이 길은 사진가들이 이른 아침 안개 낀 황강과 조정지댐보조댐 운치를 담으려 즐겨 찾는 사진 명소다.

합천영상테마파크에 있는 모노레일.

안깨 낀 황강 조정지댐(보조댐).

이주홍 어린이 문학관 앞에 설치된 동상.

　합천영상테마파크 가까이에 이주홍어린이문학관이 있다. 아동문학가
인 향파 이주홍1906~1987 선생은 합천 출신으로 부산 동래중 교사, 부경
대 전신인 부산수산대 국문학과 교수로 활동했다. 전국 문예지인 〈문
학시대〉를 창간하고 부산아동학회를 만들기도 했다. 그의 삶과 문학
을 기리기 위해 설립된 문학관이 전국에 2개가 있는데 하나는 부산시립
문학관에 있고, 다른 하나가 합천에 있는 이주홍어린이문학관이다. 이곳
은 국내 최초 공립어린이문학관이다. 문학관은 최대한 어린이 눈높이
에 맞추었다. 호박, 기린 등 커다란 조형물이 관람객을 반긴다. 아이들
이 이주홍 선생의 동시 6편을 퍼즐로 맞추면서 자연스럽게 동시를 읽
을 수 있으며 직접 시를 낭송하고 녹음해 파일을 재생하거나 이메일로
받을 수 있도록 배려했다.

벽한정.

　황강을 따라가면 용주면소재지다. 면소재지로는 소박한데, 면사무소 입간판 위에 황금색으로 만들어진 용 조형물이 인상적이다. 면소재지를 지나면 경남문화재자료 제233호 합천 벽한정이 있는 손목마을이 나온다. 고령 박씨 집성촌이다. 벽한정은 고령 박씨인 무민당 박인[1583~1640] 선생이 학문을 닦고 연구하던 곳이다. 박인 선생은 관직에 뜻을 두지 않고 일생을 향리에서 산림처사로 지냈다. 이 정자는 인조 17년[1639년]에 건립됐으며 규모는 앞면 3칸, 옆면 2칸이다. 벽한정에는 '문장'[門長·문중에서 항렬, 나이가 제일 위인 사람]과 동네 어르신들이 항상 계신다.

　벽한정 서쪽 협문 밖 풍경이 가히 아름답다. 황강과 황계폭포의 합류 지점으로 탁 트인 풍광을 한눈에 담을 수 있다. 실제 바위에 '광풍대'라고 새겨놓은 것을 보니 예로부터 맑은 햇살과 시원한 바람으로 유명했나보다. 이태근 화백이 이곳을 보고 "화폭으로 옮기고 싶을 정도"라고 했단다.

벽한정 뒤뜰에서 바라본 경치.

"합천영상테마파크는 군내 관광지 중 가장 많이 찾는 지역 명소"

박지석 문화관광해설사

박지석(53·사진) 씨는 합천군 용주면 가호리에 있는 합천영상테마파크에서 문화관광해설사로 활동하고 있다. 관광 길라잡이 역할을 하는 게 그의 주된 업무다. 합천영상테마파크는 군내 관광지 중에서도 가장 많은 관광객이 찾는 지역 명소다. 지금이야 코로나19 여파로 관광객들의 발길이 많이 줄었지만, 코로나19 사태가 터지기 전까지만 해도 주말마다 1만 명을 웃도는 관광객이 테마파크를 찾았다고 한다. 실제로 방문해보니 근현대사 배경의 영화 촬영장부터 실제 청와대를 본떠 만든 세트장, 청와대 세트장으로 이어지는 모노레일까지 볼거리가 많았다. 많은 인파가 몰리는 이유를 알 만했다.

"합천영상테마파크는 2004년도에 조성됐다. 조성 이후 지금까지 굉장히 운영이 잘되고 있다. 지난주 토요일 하루에만 매표 인원이 3000명을 넘었다. 코로나 전까지는 주말 관광객이 1만 명씩 왔다. 테마파크 자체 수익만으로도 아무런 지원 없이 충분히 운영할 수 있을 정도다."

테마파크를 품고 있는 용주면만의 매력에는 어떤 점이 있을까. 그는 뛰어난 자연경관을 보유하고 있는 곳이라며 볼거리가 넘치는 것이 지역의 가장 큰 장점이라고 말했다. "용주면에는 테마파크만 있는 건 아니다. 여기는 물도 있고 산도 있다. 자연경관 자체만으로도 하나의 관광상품이 되는 지역이 용주면이다. 경치가 정말 좋다."

"돌아가신 아버지의 유지에 따라 벽한정을 무보수로 관리"

박영수 손목마을 이장

용주면 손목리에서 만난 박영수(57·사진) 씨는 손목마을 이장이다. 합천에서 태어나고 자란 지역 토박이인 그는 창원과 마산에서 27년간 경찰관으로 일했었다. 지금은 1996년에 경상남도문화재자료 제233호로 지정된 벽한정을 관리하기 위해 직장을 그만두고 합천으로 돌아왔다. 벽한정에서 유사^{有司} 업무를 본 건 올해(2020년)로 5년째. 일주일에 3~4일 정도는 이곳에 머물면서 무보수로 문화재 관리를 하고 있다.

"돌아가신 아버님이 문중에서 장손이었다. 평소 벽한정에 대한 애착이 많으셨다. 누군가가 계승해줬으면 좋겠다는 유지가 있으셨다. 유사 업무를 보러 합천에 들어오게 됐다. 공무원 연금이 나와서 생활에 큰 불편은 없다." 그에게 용주면은 남다른 의미가 있는 곳이다. 그는 용주면을 이렇게 자랑했다. "합천에는 관광요소가 많다. 그중에서도 용주면에 문화재급 관광요소가 몰려있다. 용주면 초입에는 벽한정이 있다. 역사적인 기틀이 마련돼 있는 곳이다. 테마파크, 루지체험장, 합천항공스쿨도 용주면에 있다. 볼거리가 많은 지역이다."

17

📍

고성군 동해면

"예부터 남해 해양강국 명성이 있는 곳,
고목숲·내산리고분군 눈길
선사시대·임진왜란 흔적도"

고대역사 잠든 뭍에 없는 듯
조용한 고인돌 하나

　당항만은 고성군 동해면과 회화면 사이 육지 쪽으로 아주 길게 뻗어 들어간 바다다. 창원시 마산합포구 진전면과 고성군 동해면을 잇는 동진교 아래 좁은 물길이 큰 바다로 나가는 유일한 물길이다. 이런 지형을 활용해 이순신 장군이 임진왜란 때 당항포해전을 승리로 이끌었다.
　마암천과 구만천이 만나 바다로 흘러드는 하구를 지나면 곧 왼쪽으로 당항만둘레길 해상도보교가 보인다. 150m 다리를 건너면 회화면 당항포 포구다. 2019년에 만들어진 당항만둘레길은 마암면에서 바다 건너 당항포 관광지까지 이어진다. 해상도보교 중간에 커다란 거북선 조형물이 눈에 확 들어온다. 당항포해전 승전지라는 뜻을 담아 만든 것이다.
　마동호 방조제를 지나고부터가 동해면이다. 그대로 당항만을 왼쪽에 끼고 해안도로를 달린다. 가을빛으로 물든 계단식 논이 바다로 이어지

당항만둘레길 해상도보교.

는 풍경을 따라 가면 동해면소재지 해안이다. 바닷가 제법 넓은 접안
시설에 차를 댄다. 이곳에서 보는 바다는 묘하게 잔잔하다. 접안시설에
서 빠져나와 큰 조선소를 하나 지나면 검포마을이다. 검포마을 숲은
그렇게 알려지지 않은 산책 명소다.

300년 전 마을에 정착한 김해 김씨와 밀양 손씨가 서어나무 30그루,
팽나무 2그루를 심어 만들었다는 숲이다. 하천을 따라 바다 방향으로
300년 고목들이 길게 이어졌다. 그 나무들 아래 산책로가 마련돼 있
다. 인적이 드물어 한적하면서도 조금은 쓸쓸한 느낌이 매력이다.

마을 숲 옆으로 동해초등학교, 동해중학교가 이어진다. 동해중학교
바로 옆 도롯가 실내포장마차 문 앞에 납작한 바위가 하나 있다. 고인
돌이다. 지금처럼 도로가 나기 전 그 자리에 초가집이 있었는데, 집 마
당에 있던 것이라고 한다. 선사시대부터 이어진 인간의 흔적이라고 생

검포마을 숲.

선사시대부터 이어진 인간의 흔적 고인돌. 도롯가에 놓여져 있다.

각하면 도롯가에 초라하게 놓여 있어도 어떤 엄숙함이 느껴진다.

고인돌을 지나 마을을 빠져나가면 삼거리가 나오는데, 그곳에 내산리 고분군이 펼쳐졌다. 고성은 고대로부터 남해를 낀 해양강국이었다. 특히 내산리고분군 지역은 바다를 통해 외부에서 고성으로 이어지는 관문이다. 연구자들은 이 고분군이 관문을 지키던 지역 귀족들의 무덤이라고 추정한다. 무엇보다 내산리고분군은 봉분 높이가 그리 높지 않아 아늑하고 편안한 느낌이다. 주변으로 논밭과 이어져 있고, 전체 지형이 가파르지 않아 마음을 늦추고 천천히 거닐기 좋은 자리다.

내산리고분군에서 다시 당항만을 따라 해안도로를 달린다.

내산리고분군.

동해면 해맞이공원 전망.

아기자기한 마을을 몇 개 지나고 나면 유명한 소담수목원이다. 성만기 원장이 고향 땅을 사들여 40여 년을 꾸민 숲이다. 숲 속을 천천히 거닐 다 조금 지치면 수목원 안에 있는 카페에서 차를 한잔해도 좋다.

수목원에서 나와 조금만 더 가면 동진교다. 300m 조금 더 되는 이 다 리는 가운데가 약간 볼록한 모양이다. 그래서 진전면에서 동해면으로 넘어갈 때 다리 중앙에 이를 때까지 건너편이 보이지 않는다. 그러다 중 앙을 넘어서면 헉, 하고 멋진 바다 풍경이 나타난다. 동진교를 끼고 창원 진전면에서 동해면까지 이어지는 국도 77호선 해안도로 구간은 2006년 건설교통부^{현 국토교통부}가 선정한 '한국의 아름다운 길'이기도 하다.

동진교에서 동해면 해안도로를 따라 몇 분 정도 달리면 해맞이공원 이 나온다. 바다가 내다보이는 절벽 위에 있다. 주차장도 있고, 깨끗한 최신식 화장실도 있고, 고성을 상징하는 공룡 조각도 있다. 절벽 끝으 로 덱이 잘 만들어져 있어 다양한 방향에서 바다를 바라볼 수 있다. 이 곳에서 보이는 넓고 잔잔한 바다에서 양식장 하얀 부표가 가득하다.

동해면 해맞이공원.

2006년 국토교통부가 선정한 '한국의 아름다운 길'에 선정 된 동해면 해안도로 국도 77호선.

"여기에 터를 잡은 건 내가 살면서 가장 잘한 일"

성만기 소담수목원 원장

'숲속의 집.'

모바일 지도앱 카카오맵에 달린 소담수목원 속 카페에 대한 이용자 평가 중 하나다. 고 성군 동해면 외산리 50-1번지에 있는 소담수 목원은 성만기(74·사진) 원장이 운영하는 개인 소유의 수목원이다. 지금으로부터 42년 전인 1978년, 성 원장은 허허벌판이던 동해면 산자락에 있는 땅을 사들여 지금의 수목원을 차렸다. 외산리 숲에 조성된 수목원 규모는 약 3만 5000평. 30년간 대한항공에서 수석 사무장과 상무이사 등으로 재직했던 성 원 장은 항공사에서 일하던 때부터 땅을 사들이기 시작해 지금의 수목 원을 꾸리게 됐다고 한다. 지금은 직장을 그만두고 동해면에서 제2의 인생을 살아가고 있다.

비행기를 타고 지구를 300바퀴 이상 돌았다는 그가 다른 곳도 아닌 고성군 동해면에 수목원을 차린 이유는 무엇 때문일까. "사람은 문화 를 먹고 산다. 나는 문화 중에서도 식물원과 수목원을 좋아했다. 꽃과 나무를 키우면서 살아가기 좋은 곳이 어디일지 고민이 많았다. 그러다 풍수지리학적으로 좋고 조용한 동해면 외산리에 터를 잡게 됐다. 고성군 동해면은 내 고향이다. 바다가 보이고 산이 보이는 정말 아름다운 곳이다. 여기에 터를 잡은 것은 내가 살면서 한 일 중 가장 잘한 일이라고 생각한다."

성 원장은 수목원 안에 집을 짓고 살면서 소담수목원카페도 운영하고 있다. 코로나19 확산 여파로 사회적 거리두기가 2단계로 격상되기 전까지 카페에는 평일에만 40~50명이 찾았다고 한다. 주말에는 수백 명의 손님이 방문하기도 했다. 인구 2만 6000명이 사는 작은 도시에 세워진 곳이지만, 일부러 시간을 내서 발걸음 하게 하는 곳이 소담수목원인 셈이다.

"카페 안 공간을 내가 직접 꾸미고 설계했다. 우리나라에서 카페를 운영하는 사람 중에 이렇게 카페를 꾸리는 사람은 많지 않을 거다. 수목원에 지은 집도 그렇다. 잘 꾸며서 잘살고 있다. 어렵게 살아왔는데 그게 하나의 재미였다. 지금까지 잘 놀면서 인생을 산 것 같다."

소담수목원카페 내부 모습.

"동해면 바다는 바라만 봐도 가슴이 뻥 뚫리고 마음이 편안해지는 곳"

엄현수 해맞이 카페&펜션 대표

고성군 동해면 내산리 해맞이공원은 도내 대표 해돋이 명소다. 나무 툇마루 덱로 길이 잘 정비돼 있고 전망대, 정자, 공룡조형물 등이 있어 휴식을 취해도 좋다. 해맞이 카페&펜션은 해맞이공원 근처에 있다. 엄현수(33·사진) 대표가 약 10년 동안 운영하고 있다.

엄 대표가 이곳에 카페와 펜션을 차린 이유는 드넓고 잔잔한 바다에 매료됐기 때문이다.

"10여 년 전 드라이브를 하다가 우연히 발견했다. 지금은 카페, 펜션이 많지만 당시에는 삼강엠앤티밖에 없었다. 이곳에 펼쳐진 바다는 파도가 덜하고 잔잔한 편이라 바다를 바라만 봐도 가슴이 뻥 뚫리고 마음이 편안해진다."

그의 말마따나 카페에서 바라본 바다는 호수처럼 평온해 보였다. 잔잔한 물살을 헤치고 나가는 어선, 하얀색 스티로폼 부표가 둥둥 떠 있는 양식장, 이 모두가 조화를 이루어 한 편의 작품을 보는 것 같은 느낌이 들었다.

엄 대표는 특히 해가 뜰 때 풍경이 멋있다고 했다. 그는 "1월 1일 해맞이 행사가 열리면 새해 일출을 보려고 인파가 몰린다"며 "해가 떠오르면서 주변을 붉은빛으로 물들이는 모습이 장관"이라고 말했다.

동해면 해맞이공원 전망대(위). 시원하게 뻥 뚫린 드넓고 잔잔한 바다의 모습을 볼 수 있다.(아래)

18

의령군
정곡면 장내마을

"삼성 창업주 출생 고을
'부자'기운 받으려는 발길 지속
고즈넉한 흙담·지붕, 시골 정취 가득한 곳"

마음 걸림 없이 걷는 길
그곳이 바로 명당

의령 9경 중 하나인 솥바위는 솥을 닮은 바위로 의령과 함안 경계 사이를 흐르는 남강에 있다. 물에 잠긴 바위 밑에는 가마솥의 발처럼 세 발이 달렸다고 한다. 실제 이 세 개의 발이 가리키는 주변 20리에 세 거부의 생가가 있다. 의령군 정곡면 삼성 창업주 이병철 회장, 진주시 지수면 LG그룹 창업주 구인회 회장, 함안군 군북면 효성 조홍제 회장이다.

의령군 정곡면 장내마을은 사람들이 부자의 기운을 받기 위해 찾는 동네다. 이곳에는 호암 이병철1910~1987 회장의 생가가 있다. 동네는 초입 길부터 남달랐다. 부자라는 이름은 여기 다 있었다. 주차장에 차를 세우니 '부잣길'이라는 안내판이 보였고 인근에 '정곡부자슈퍼', '부자한우촌', '부자매점' 등이 보였다. 주변 조형물도 부자를 의미하는 금 두꺼비, 보석반지, 엽전 등으로 꾸며놓았다.

의령군 정곡면 장내마을 호암 이병철 생가 가는 길에 있는 안내판과 금두꺼비 조형물.

이곳에 오면 부자의 기운을 받으며 걷는 건강길을 체험할 수 있다. 코스는 두 개다. A코스6.3㎞는 공영주차장에서 출발해 월척기원길, 탑바위길, 호국의병의길, 부자들판길, 부자소망길 등을 둘러보는 데 약 2시간 30분 걸린다. B코스12.8㎞는 역시 공영주차장에서 출발해 월척기원길, 탑바위길, 호국의병의길, 남가람길, 가야역사길, 마실길, 산너머길, 성황소나무길, 산들사잇길, 부자소망길을 지나면 약 5시간이 걸린다.

장내마을은 그 터가 명당으로 알려져 있다. 의령군에서 세운 안내판을 보니 다음과 같은 글귀가 적혀있다.

'풍수지리설에 의한 재물이 쌓일 수밖에 없다는 명당 중의 명당으로 부의 기운을 받고자 많은 이들의 발걸음이 끊이지 않고 있다.'

의령군 정곡면 장내마을 흙담길.

코로나 때문인지 길에 사람들이 북적이지 않아 걷기 좋았다. 동네에 유달리 고즈넉한 흙담이 많다. 파란색·붉은색의 슬레이트 지붕이 옹기종기 모여 있는 모습도 퍽 정겹다. 소박하고 은은한 풍경을 따라 걷다 보면 어느새 이병철 생가에 다다르게 된다.

호암 이병철 생가 입구.

생가는 1851년 이 회장의 할아버지가 전통 한옥 양식으로 손수 지었다. 이 회장은 이 생가에서 태어나 어린 시절을 보냈다. 생가는 남서향으로 안채, 사랑채, 대문채, 광으로 구성됐다. 안채는 부엌과 부엌방, 방 2개, 대청으로, 사랑채는 방 2개와 대청으로 이뤄졌다. 생가는 아담한 토담과 바위벽으로 둘러싸여 뒷산 대나무와 함께 운치를 더한다. 지난 2007년 개방하고 나서 지금까지 많은 사람이 부자 기운을 받으려고 찾는다.

호암 이병철 생가.

　생가 주변을 걸으면서 부자라는 게 무엇일까 생각했다. 사람은 누구나 건강하고 행복하게 살길 바라고 이런 삶을 살려면 부자가 되어야 한다고 생각한다. 사람들이 부잣길을 걷는다고 누구나 부자가 되지 않겠지만 동네의 소박하고 푸근한 정취, 좋은 기운을 담으니 마음만은 이미 부자가 된 것 같다.

의령군 정곡면 장내마을 내 부잣길 A코스.

"부자 이름 가게, 실제 부자지간 운영,
부자는 마을이름에서 따온 것"

임미연 부자한우촌 대표

장내마을에서 한우전문점을 운영하는 임미연(54·사진) 씨는 상호에 '부자'를 넣어 매장을 운영하는 지역상인 중 한 명이다. 그의 매장 간판에는 부자한우촌이라는 이름이 선명하게 적혀있다. 그는 부자라는 이름을 쓰는 이유를 이렇게 설명했다. "부자지간이 운영해서 이름이 부자냐고 묻는 사람들이 많은데, 상호로 쓰인 부자는 아버지와 아들을 나타내는 부자의 뜻이 아니다. 아버지와 아들이 같이 매장을 운영하고 있는 건 맞지만 고을이 부자마을이어서 이름을 부자로 짓게 됐다. 마을 사람들에게 부자는 큰 의미가 있다."

"정곡면은 작은 시골 마을,
 부자'기'를 받으려 주말마다 관광객이 넘쳐"

정곡면장 출신 김덕곤 씨

김덕곤(60·사진) 씨는 의령에서 태어난
이후 의령에서 쭉 살다가 2019년 7월
부터 1년간 정곡면장을 지낸 인물이다.
정곡면에서 만난 그의 말을 들어보니
이병철 회장의 고향에서 부자 '기'를 받고
자 하는 건 지역 상인뿐 아니라 관광객도 마

찬가지였다. 지금은 코로나19 여파로 발길이 뜸해졌지만, 그전까진 주
말마다 300여 명이 넘는 관광객들이 이곳을 찾아왔다고 김 전 면장
은 설명했다. 장내마을이 자그마한 시골 마을이라는 점을 고려하면
상당히 많은 사람이 이곳을 찾은 셈이다.
그에게 이병철 회장 생가와 더불어 '지역의 자랑거리'라고 할 수 있는
게 어떤 것이 있는지 물었다. 그는 "탑바위, 암자, 천연기념물 소나무,
감나무가 있는 마을"이라고 지역을 소개하고 설명을 덧붙였다. "죽전
리 호미절벽 위에 탑바위가 있다. 그 밑에는 작은 암자불양암가 있다.
모두 지역에서 유명한 것들이다. 성황리 소나무천연기념물 제359호와 백곡리
감나무천연기념물 제492호도 정곡면에 있다."

19

📍

진주시 문산읍

"갈촌~남문산역 자전거길 변신
폐역사 쓸쓸한 듯 그대로 남아"

기차소리 저문 곳
유유히 걷다

문산읍은 진주라는 오랜 도시에 속한 조금 큰 시골이다. 시골이라지만, 바이오, 실크 전문 산업단지도 들어서 있고, 거리나 골목도 깔끔하게 잘 다듬어졌다. 쾌적하고 너무 번화하지 않기에 한적하게 돌아다니기 적당하다.

갈촌역 폐역에서 여정을 시작한다. 경전선 복선전철 개통으로 2012년 10월 23일 경전선 진주선^{마산~진주} 옛 구간에 있던 작은 역들이 모두 폐쇄됐다. 문산을 관통하던 철길이었다. 역 주변으로 가을 풍경이 넉넉하다. 옛 철길은 산뜻한 자전거 도로가 됐다. 갈촌역 앞 안내판을 보니 자전거 도로는 현재 진주수목원에서 진주역까지 21.3㎞다. 갈촌역 구간이 11.1㎞로 중간 지점이다.

갈촌역 역사는 켜켜이 쌓인 시간 그대로 남아 있다. 역 간판에 햇살이 비치는 모습이 마치 밝은 표정을 한 것 같아 조금은 쓸쓸한 기분을

갈촌역 폐역.

갈촌역 앞 자전거 도로.

남문산역 폐역 승강장.

달래준다.

자전거 도로를 그대로 따라가면 남문산역 폐역이다. 마치 교회 건물처럼 뾰족한 지붕이 인상적이다. 역사 자체는 지금도 산뜻한 느낌이다. 하지만, 승강장은 수풀에 덮여 여지없는 폐허가 됐다. 그 폐허 너머로 비교적 최근에 지은 진주 문산 LH아파트가 우뚝하다. 아파트 한쪽 작은 상가 건물에 동네책방 보틀북스가 있다. 작은 매장에 책들을 알차게 배치했다. 독립출판물이 유달리 많은 것도 독특하다.

보틀북스.

보틀북스를 나와 문산 읍내로 접어든다. 번화한 도심이지만, 골목으로 들어가면 오래된 집들과 호박, 참깨가 자라는 텃밭처럼 정겨운 읍내 풍경이 여전하다. 문산천을 따라가다 보면 소박한 문산전통시장이 나온다. 작긴 해도 흥정 소리가 제법 왁자하다.

문산천 주변 풍경.

　　마지막으로 찾은 문산성당은 입구부터가 고즈넉하다. 문산성당은
1900년대 초반에 생겼다. 경남에서 두 번째로 오랜 역사를 지녔고, 서
부 경남 신앙의 요람이었다. 그만큼 옛 문산 지역에 사람이 많이 살았
다는 뜻이기도 하다. 천주교가 박해받던 시절 교인을 색출하던 소촌역
_{조선시대 역사} 자리에 들어선 것도 굉장히 상징적이다.

문산성당.

"맛있는 음료와 책 한 권을 즐기길 바라는 마음으로"

채도운 보틀북스 책방지기

매년 100만 원어치의 책을 사서 읽을 정도로 책을 좋아하던 채도운(28·사진) 씨는 지난 2018년 아예 동네책방을 차렸다. 상호는 보틀북스(Bottle Books)다. 평소 책을 읽을 때 밀크티를 즐겨 마시던 그는 사람들이 맛있는 음료와 책 한 권을 즐기길 바라는 마음을 상호에 담았다.

보틀북스는 책방지기의 취향과 사랑이 듬뿍 묻어나는 공간이다. 채 씨는 퇴사각, 여행, 연휴추천작, 진주시민이라면 꼭 한 번쯤 읽어볼 추천도서^{형평운동} 등 주제별로 책을 큐레이션^{이용자에게 맞는 정보를 선별해 맞춤형으로 제공하는 것}하고 독립출판물을 읽고 정성스레 추천사를 쓰기도 한다. 필사모임, 한 달에 한 권 책 읽기 등 다양한 모임을 기획해 운영한다.

그는 청년 등이 저렴하게 임차할 수 있는 LH 희망상가를 통해 문산에 터를 잡았다. 그는 "자전거를 타다가 혹은 산책하다가 들르는 사람들이 많다"며 "동네가 한적하고 조용하다 보니 책에 더 집중할 수 있는 매력이 있다"고 말했다.

책방지기는 책을 좋아하는 사람을 위해 오는 26일 오후 7시 이병률 작가와 함께하는 비대면 온라인 모임을 기획했다. 문의는 인스타그램 계정(보틀북스)으로 하면 된다.

"마주이야기라는 카페 이름처럼
주민 소통의 나들목 역할 하고파"

최영미 카페 마주이야기 운영자

유아교육 전공자인 최영미(54·사진) 씨는 진주 문산읍에서 그의 남편과 카페를 운영하며 인생 2막을 보내고 있다. 지난 2018년 1월, 남편과 함께 창원에서 문산읍으로 이사한 그는 창원의 한 어린이집에서 약 30년간 교사와 원장으로 근무하다 하던 일을 그만두고 진주로 왔다. 새로운 삶을 개척해 살아가기 위해서다.

"아이들 곁을 떠나본 적이 없었다"는 최 대표가 진주에서 시작한 일은 카페를 운영하는 것이었다. 그도 그의 남편도 진주에 아무런 연고가 없었지만, 미술작품 전시 공간, 다목적실, 작은 도서관을 갖춘 동네 카페를 차려 2년 넘게 운영 중이다. 아는 사람 하나 없던 동네인 문산읍에서 이들 부부는 어떤 매력을 발견하고 터를 잡게 된 걸까.

"문산읍은 자연과 맞닿아 있는 곳이다. 규모가 큰 건물과 상가들이 몰려있지 않은 곳이어서 도시와는 분위기가 다르다. 진주 자체가 전원도시다. 자기만 관리를 잘하면 살기 좋은 동네라고 보면 된다. 무엇보다 공기가 좋다는 점이 가장 큰 장점이다. 남편이 아이디어를 내서 카페뿐 아니라 살림집도 읍내에 마련했다. 연고가 있어서 진주에 터를 잡게 된 건 아니었다. 관계가 없던 사람들과 새로운 관계를 만들어가는 건 숙제지만, 카페 마주이야기라는 이름의 카페를 운영하면서 지역 주민 소통을 위한 나들목 역할을 하고자 노력하고 있다."

20

📍

창원시
의창구 도계동

"도리단길 골목 구석구석에 카페
생두 볶는 곳 많아 다채로운 맛"

도심 속 카페골...
풍미 유혹

옛 창원시는 지난 1997년 행정동 2~3개를 한 개의 동으로 통폐합하는 대동제大洞制를 시행해 기존 24개 동을 12개 동으로 축소했다. 도계동은 명서1동, 명서2동과 함께 명곡동으로 태어났다. 그래도 사람들은 여전히 도계동이라 부른다.

〈창원도호부권역 지명연구〉에 따르면 도계동道溪洞의 도는 북을 뜻하는 달·다라의 변이형태로, 계는 시내를 표기하기 위한 차자일 것으로 간주한다. 즉 도계동은 북쪽에 있는 시내 부근에 형성된 마을을 의미한다.

요 몇 년 새 도계동에 카페가 많이 생겼다. 젊은 세대들이 적은 자본금으로 카페를 시작하기에 임대료가 저렴했고 평수가 작은 공간도 많았다. 그렇게 하나둘 카페가 생기다 보니 소문을 탔다. 감각적인 음식점, 공방, 술집 등도 덩달아 증가했다.

도계동 도리단길.

전국에 이태원 경리단길, 경주 황리단길 등 '○리단길'이 인기를 끌면서 도계동을 '도리단길'로 부르는 사람이 많다. 창원시 의창구 용호동 가로수길이 일자로 뻗은 도로 옆으로 가게가 즐비하다면 도리단길은 골목 구석구석에 가게가 있다. 처음 도리단길에 가면 어디가 어딘지 헷

가지각각의 맨션 빌라들.

갈리기 쉽다. 그래서 차를 한 곳에 세워두고 걷기를 추천한다. 이 동네엔 4층 높이의 맨션mansion이나 빌라villa가 많다. 맨션·빌라 이름도 가지각색이라 보는 재미가 있다. 1층은 상가고 2층 이상은 주거용인 건물도 많다. 도계동은 한적한

창원 도계동 풍경.

커피플리즈 카페.

다다네식탁.

동네는 아니다. 자동차와 사람들로 북적대는, 사람 냄새가 듬뿍 풍기는 동네다. 그래서 정겹다.

골목을 걷다가 지치면 카페에서 쉬었다 가면 된다. 도계동엔 커피 생두를 직접 볶아 판매하는 로스터리Roastery 카페가 많다. 앰버그리스커피, 포베오커피랩, 1983로스터스, 커피플리즈로스터스 등 10개 남짓이다.

도계동 벨리스 커피.

커피의 맛을 좌지우지하는 건 커피콩이다. 어떤 지역의, 어떤 농장의 생두를 쓰느냐 또 생두를 어떻게 볶느냐에 따라 커피 맛은 달라진다. 카페 주인장이 생두를 직접 볶으면 손님은 신선한 커피를 마실 수 있다. 또 로스터리 카페마다 주인장 각자의 개성이 담긴 커피를 판매하니 카페 여행을 하기 딱 좋은 동네다.

다른 지역 '오리단길'은 찾아오는 손님들이 늘어나자 임대료가 오르고 청년 가게들이 나가는 사례가 발생했다. 동네 특유의 분위기마저

잃었다고 한다. 도계동이 앞으로도 딱 이 정도면 좋겠다. 기분 좋은 번잡함과 사람 냄새가 있는 동네 말이다.

도계동엔 커피 생두를 직접 볶아 판매하는 주인장 각자의 개성이 담긴 카페가 많다.
카페 '1983'(위), 'p2p 커피'(아래).

"동네 맛집 지도를 만들어 홍보,
 동네가 살아야 카페가 산다는 취지"

김진휘 포베오커피랩 대표

김진휘(33·사진) 포베오커피랩 대표는 창
원시 의창구 도계동에서 2018년부터 카
페를 운영 중이다. 그는 매장에서 커피와
차, 프리미엄 맥주 등을 판매한다. 동네가
살아야 카페가 산다는 취지에서 '동네 맛집
지도'도 만들어 매장을 찾는 손님들에게 홍보한
다. 그래서 지도에는 포베오커피랩 주변에 있는 다른 커피 매장뿐 아
니라 일본식 덮밥집, 마카롱 디저트 가게, 칵테일바 등의 상가 이름과
위치, 휴무일, 운영시간 등이 적혀 있다. 그는 "20~30대 젊은 사장들
이 저마다 특색을 갖춘 매
장을 꾸려나가는 동네"가
도계동이라고 설명한다.
김 대표가 도계동에서 매
장을 운영하게 된 건 어떤
이유 때문일까.
"카페를 열기 전 3~4년 동
안 활동했던 기타 동호회

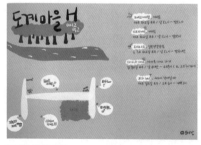

도계동 마을 지도.

가 도계동에서 열렸었다. 그때 처음 이 동네를 알게 됐다. 카페 운영 장소를 고민하다 비용이 가장 적게 드는 도계동에서 카페를 열었다. 도계동에는 여러 상가가 모여 있다. 가게 하나가 잘된다고 해서 모든 매장의 장사가 잘되는 건 아니기 때문에 동네 지도를 만들어서 홍보하고 있다. 처음 매장 문을 연 2018년도만 해도 동네에 카페가 많지 않았지만, 지금은 여러 카페가 생겨났다. 로스팅을 직접 하는 특색 있는 카페가 동네에 많다."

"도계동은 자본이 없는 젊은 사장이 많아, 각자 나름의 생존전략을 가진 카페들"

정진우 커피 플리즈 로스터스 대표

포베오커피랩에서 도보 10분 거리에 있는 곳에서 카페를 운영하는 정진우(33·사진) 씨는 지난 5월 커피 플리즈 로스터스라는 이름으로 카페 장사를 시작했다. 그는 용호동과 사림동에서 카페를 운영하다 높은 임대료 탓에 도계동으로 옮겨왔다. 용호동에서 처음 카페 운영을 시작한 게 2014년이니까 카페 사장이 된 건 6년째다. 3개 동네에서 카페를 운영해본 그가 본

커피플리즈 카페 내부에서 바라본 모습.

도계동만의 매력은 김 대표의 설명과 다르지 않았다.

"용호동과 사림동에는 잘 꾸며놓은 커피 가게가 상당히 많다. 도계동은 자본이 없는 젊은 사장들이 많은 곳이다. 그 안에서 어떻게든 살아남으려고 하다 보니까 적은 비용으로 매장 캐릭터를 살리려고 노력한다. 그래서 개성 넘치는 가게가 도계동에 많이 있다. 각자 나름의 생존 전략을 가진 카페들이다. 다른 동네에서 카페를 운영하다가 도계동으로 넘어오게 된 건 월세가 저렴해서였다. 다행히 이전보다 이곳에 와서 우리 매장이 빛을 보고 있는 것 같다."

21

통영시 정량동

"동피랑 마을 벽화 새롭게 꾸며
남망산서 빼어난 풍광 감상도"

걸어가는 나폴리 새단장

통영시 정량동은 시 전체 면적의 1%도 안 되지만 통영 여행의 중심 같은 동네다. 이미 관광지로 유명한 동피랑과 강구안, 통영중앙시장 외에도 요즘 개성 있고 멋진 공간들이 속속 들어서며 여행객들에게 핫플레이스(hot place·인기 장소)가 됐다. 여기에 정량동 원도심에는 현지인이 많이 찾는 오랜 가게들도 많다. 그리고 남망산공원과 이순신공원은 시원한 풍경으로 최근 새로운 명소가 됐다.

정량동은 1998년 동호동과 정량동이 합동해 탄생했다. 예로부터 활기가 넘치던 곳이다. 통영 최대의 어항인 동호항과 조선시대 군항·일제강점기 무역항·해방 후 어항으로 자리 잡은 강구안 등이 있는 '수산업의 동네'다. 통영수산업협동조합, 멸치권현망수산업협동조합이 있고 유동인구가 많은 임항臨港답게 음식점과 주점, 유흥업소가 밀집됐다.

통영 하면 동피랑 마을을 떠올리는 사람이 많다. 달동네였던 이곳은 원래 시의 동피랑 재개발 계획에 의해 공원으로 탄생할 예정이었다. 하지만 지난 2007년 시민단체 푸른통영21이 공공미술로 마을가꾸기에 나서면서 많은 사람의 사랑을 받는 동피랑 마을이 됐다.

동피랑과 정량동.

최근 동피랑 마을이 새 옷을 입었다. 2년마다 벽화를 교체하는 벽화마을에서 벗어나 새로운 문화마을로 태어났다. 통영시와 통영시지속가능발전협의회는 지난 22일 제7회 동피랑 아트 프로젝트 '안녕, 동피랑' 개막식과 마을잔치를 열었다. 총 50팀이 지원해 선정된 자유공모 6팀과 시민참여벽화 2팀 등 총 8개 팀이 동피랑 마을을 새롭게 꾸몄다.

동피랑 입구. 송수찬 작가의 '나폴리에서 통영 8950'이 반갑게 사람을

새로 꾸민 동피랑 벽화.

맞이한다. 동양의 나폴리 통영과 실제 이탈리아 나폴리를 수채화풍으로 펼쳐놓았다. 마을을 좀 더 빙 둘러보면 그림도시협동조합의 '통영 예술가의 책가도'가 눈에 띈다. 민화 책가도를 빗대어 책장 사이사이에 박경리·윤이상 등 통영 출신 예술인에 대한 오마주를 담았다. 더불어 통영에 사는 외국인 강사와 제자들이 지구촌 문화유산을 그린 작품도 멋있다.

　다음 목적지는 최근 남망산공원에 생긴 야간공원 '빛의 정원, 디피랑'

통영 동피랑은 다양한 벽화로 새단장을 하였다.

남망산공원 디피랑.

이다. 디피랑은 디지털 피랑을 의미하는데 통영시민문화회관 벽면, 1.5
km의 산책로가 미디어 아트로 새롭게 태어났다. 오후 7시부터 자정까
지 유료로 운영되며 오후 4시 이전에는 무료로 둘러볼 수 있다.

남망산에서 보는 풍광은 말로 표현할 수 없을 정도로 좋다. 이곳에
는 지난 1997년 개관한 통영시민문화회관과 유명 조각가의 조형작품
15점을 전시한 야외조각공원도 있다. 한낮, 디피랑에서 바라보는 통영
항과 통영시민문화회관 앞에서 바라보는 통영항의 매력이 남다르니 둘
다 경험할 것을 추천한다.

정량동 철공단지 뒤편, 바닷가에 솟아있는 망일봉을 중심으로 조성
된 이순신공원도 명소다. 망일봉望日峰에는 '아침 해가 솟아오르는 산'이
라는 의미가 담겼는데 햇빛을 받아 반짝이는 바다는 선물 같은 하루
를 선사한다.

〈참고문헌〉△〈나의 사랑 정량동〉, 정량동주민센터, 2020

이순신공원.

남망산공원 풍광.

"정량동은 통영의 '핫플레이스' 어업인들이 많아 백년가게가 많은 곳"

백철기 정량동장

통영 인구 12만 9000명 중 9200명이 모여 사는 동네, 정량동에는 지역을 대표하는 관광명소가 여럿 모여 있다. 남망산공원과 이순신공원, 동피랑 벽화마을이 대표적이다. 이 3곳을 찾는 관광객 수를 합하면 연간 100만 명이 넘는다고 한다. 그래서인지 지난 2020년 7월 1일자로 정량동주민센터 동장으로 취임한 백철기(55·사진) 동장은 정량동을 통영의 '핫플레이스'라고 표현했다. 관광객이 좋아하고 즐겨 찾는 동네가 정량동이라는 게 백 동장의 설명이다. "1998년도에 동호동과 통합한 정량동은 통합 이후 통영시 명소가 됐다. 남망산공원은 연간 15~20만 명, 이순신공원은 연간 40~50만 명, 동피랑 벽화마을은 연간 72만 명의 관광객이 오고 있다. 통영 관광지 중 관광객 방문수가 가장 많은 곳이 정량동이다."

백 동장은 지역에서 30년 이상 영업한 상가를 이르는 '백년가게'가 밀집해 있다는 점, 항구를 중심으로 생기와 생동감이 넘치는 동네라는 점도 강조했다. "정량동에는 강구안과 동호항이 있어 항상 배가 드나든다. 어업인들이 많이 살아서 생동감 있다. 백년가게 46곳이 몰려있다. 백년가게가 많은 이유는 항구 때문이다. 음식점, 호텔 등이 원도심에 400개 정도가 있는데, 주택 주변까지 포함하면 570개까지 상가가 형성돼 있다."

"통영 사람들의 따뜻함에 자리잡은 곳, 지금은 서울 생각이 들지 않을 정도"

김형석 미륵미륵 맥주호스텔 대표

정량동주민센터에서 걸어서 1분 거리에는 서울 토박이인 김형석(45·사진) 대표가 운영하는 미륵미륵 맥주호스텔이 있다. 수제 맥주 판매와 숙소 운영을 함께하는 게 독특하다. 구체적으로 1층에서는 통영IPA, 미륵사우어, 거제바이젠, 남해스타우트 이렇게 4가지 수제 맥주를 판매하고, 2, 3층에선 객실이 있는 호스텔을 운영한다.

그가 수제 맥주와 호스텔을 연결하게 된 것은 스코틀랜드 맥주 브랜드 브루독이 미국 오하이오주에 만든 호텔 독하우스 때문이다. 호텔 독하우스는 세계 최초로 맥주 양조장에 지은 호텔이다. 미륵미륵을 운영한 지 이제 2년 6개월째, 그는 우연히 통영에 자리를 잡았다고 했다.

"처음에는 아내 고향인 거제에 자리를 알아봤는데 잘 안 됐다. 그러다 거제 옆 통영이 눈에 들어왔다. 풍광은 거제가 더 좋았지만, 거제는 차가운 느낌이 있었다. 반면 통영은 사람들의 태도가 따뜻하고 좋았다."

광고회사에 다니던 김 대표는 원래 서울에서 맥주 양조를 공부했었다. 그런 그가 양조장이 아닌 맥주호스텔을 하게 된 이유는 이랬다.

"처음에는 양조장을 지어 운영하려고 했었다. 하지만, 통영에서는 수제 맥주 양조장이 시기상조라는 생각 때문에 수제 맥주와 명상이 공존하는 문화복합공간으로 방향을 바꿨다. 개인적으로 전혀 연고가 없던 곳이라 처음에는 서울에 자주 갔었지만, 지금은 서울 생각이 들지 않을 정도로 잘 지내고 있다."

22

📍

김해시 관동동

"신도시 숨통 노릇하는 산책 거리
카페부터 책방·갤러리까지 가득
이색적인 관동공원 안 가야의 흔적"

율하천 문화공간…
가야유적 공원서 '꿀휴식'

　장유, 특히 율하는 김해를 대표하는 신도시 지역이다. 인구가 늘어나면서 행정구역으로 장유면은 장유1~3동으로 재편됐고, 율하리라는 지명은 관동동, 율하동, 장유동 같은 법정동으로 남아 있다. 신도시라고 해서 아파트들만 가득하지는 않다. 장유 도심에 숨통 같은 노릇을 하는 관동동이 있기 때문이다. 행정동으로는 장유3동이다.

　관동동과 율하동 경계를 따라 율하천이 흐른다. 이 물길을 따라 만든 산책로만 걸어도 계절별로 장유 도심의 매력을 듬뿍 느낄 수 있다. 장유에서 유명한 율하 카페 거리는 율하천을 따라 길게 이어진 명소다. 율하 신도시 아파트 입주가 시작된 2010년부터 저절로 생긴 거리다. 유명한 브랜드 카페에서 작고 개성 있는 곳까지 다양하게 공간을 즐길 수 있다. 처음에는 너무 카페만 우후죽순처럼 생겨나 도리어 좀 삭막한 게 아닌가 싶기도 한 곳이었다. 한 10년 정도 지나니 도심 가로

수도 제법 안정적으로 커 산책하기에도 좋다. 그리고 요즘에는 카페 말고도 책방, 갤러리, 공방 같은 문화예술 공간들이 속속 들어서 동네에 재미를 더하고 있다.

율하천 산책로.

율하 카페거리 풍경.

율하천 산책로를 걸어보다가 문득 거리 안으로 쑥 들어가 곳곳에 숨은 멋진 공간들을 찾아다녀도 좋다. 예를 들어 작지만 알찬 전시로 유명한 '휴갤러리'나 장유 지역을 대표하는 동네책방 '숲으로된성벽', 창원에서 유명한 꽃 디자인 가게 '래예플라워디자인 김해율하점' 같은 곳이다. 이렇게 다니다 보면 이런 문화 공간들이 아니라도 골목 곳곳에서 멋진 풍경들을 찾을 수 있다. 골목에 늘어선 공간마다 조경과 가로수가 제각각인데, 이게 또 저마다 어우러져 산책의 즐거움을 더한다.

율하 카페거리 동네책방 숲으로된성벽.

관동공원 산책로.

관동동을 지나는 율하천 초입에 있는 관동공원은 가만히 거닐기에
정말 좋은 장소다. 도심 안에 이 정도 큰 공원이 있는 것도 독특한데,
공원 안으로 쑥 들어가면 '짠' 하고 나타나는 가야 시대 건물들이 뜻밖
에 즐거움을 준다. 땅을 깊게 파고 만든 곡식 저장고와 나무로 기둥을
세워 집 자체를 땅에서 높이 띄워 만든 고상가옥은 제법 멋들어져 보
인다.

장유 지역에는 가야시대 이전부터 사람들이 많이 살아왔다. 장유 신
도시를 만들면서 진행한 문화유적 조사에서 확인된 청동기 시대 주거
지 흔적과 지석묘 등이 그 증거다. 그리고 6세기 후반에서 7세기경으
로 추정되는 주거 유적도 발견되는데, 관동공원에 만들어진 가야 건물
은 이 유적을 토대로 복원한 것이다. 사실 장유라는 지명도 가야 시대

관동공원 가야 주거 복원 건물.

와 관련이 있다. 김해 금관가야의 시조인 수로왕이 서기 48년 인도 아유타국 공주 허황옥을 왕비로 맞을 때 같이 온 공주의 오빠 장유화상^{허보옥}이 장유사^{長遊寺}를 세우고 머물렀다는 곳이기 때문이다. 가야 건물 주변 공원으로 이제는 제법 울창해진 나무들 사이 한적한 햇살이 스며든다. 가만히 머물러도 좋고, 사뿐히 산책을 해도 좋다.

장유 율하천 카페거리 안내판.

"〈책이 건네는 따뜻한 위로〉라는 문구로 시작, 이제는 책을 함께하는 동네 사랑방"

장덕권 숲으로된성벽 책방지기

율하천 산책로 중간쯤에 자리 잡은 동네책방 '숲으로된성벽'은 지난 2018년 12월 문을 열었다. 장덕권(54·사진) 책방지기는 평소 '우리 동네에 책방이 있으면 얼마나 좋을까' 생각했고 마침내 그가 꿈꾸던 책방을 열었다. 책방 이름은 기형도 시인의 시 제목에서 따왔다.

"우리 책방은 '책이 건네는 따뜻한 위로'라는 문구와 함께 시작됐다. 공감과 위로라는 역할을 충실히 해주는 좋은 문학 작품들을 중심에 놓고 과학·사회·예술 등 다양한 분야의 책들을 골라 비치해두고 있다."

이곳은 단순히 책만 파는 공간이 아니다. 동네 사랑방 같다. 매달 독서모임과 작가 초청강연이 열리고 책방 한편에 마련된 작은 모임방에서는 공부, 수다 모임 등 다양한 형태의 만남이 이루어진다. 또 동네 사람이라면 누구나 책을 추천할 수 있는 코너가 있다.

"동네가 조용하고 산책로와 공방들이 많아서 좋다. 특히 책방에서 내다보는 풍경이 사계절 내내 너무 예쁘다. 동네 사람들이 우리 책방에서 좋은 책과 좋은 사람들을 함께 만나길 바란다."

매주 화요일은 휴무며 아침 10시부터 오후 9시까지 문을 연다.

"동네 분위기 자체가 편안한 곳.
공간이 마음에 들어 갤러리 운영"

강현주 휴갤러리 대표

강현주(48·사진) 대표는 김해시 관동동에
있는 김해공방마을에서 휴갤러리를 운영
중이다. 서양화가로 활동하는 그가 전시를
전문으로 하는 상설 갤러리인 휴갤러리 운영을
시작한 건 지난 2016년부터다. 4년이라는 시간이 지나는 사이 휴갤
러리는 지역에서 재밌는 기획과 색깔 있는 작품을 내놓는 갤러리로 자
리매김했다. 고성이 고향이라는 강 대표에게 화실과 공방 등이 모여
있는 김해공방마을은 어떤 의미가 있는 곳일까. 이 동네만의 매력으
로 무엇을 꼽을 수 있는지 물었더니 그는 이렇게 설명했다.

"이 동네에는 마음이 넓고 따뜻한 사람들이 많다. 동네 분위기 자체
가 편안하다. 나름대로 고집이 있으면서도 마음이 따뜻하고 순수한
사람들이 동네에 많다. 각자 할 일을 하면서 남에게 피해를 주지 않는
다. 무언가를 주면 굉장히 행복해하고 고마워하는 분들도 많다. 이 동
네를 좋아하는 이유다. 김해에 갤러리를 차리게 된 것은 공간이 마음
에 들어서였다. 작가를 직접 초대해서 유니크한 작품을 받아 전시하
고 판매하는 일을 이곳에서 4년 넘게 해왔는데, 지금은 많은 사람이
찾아오고 있다."

23

거창군 **거창읍**

"1958년 자생의원 건물, 근대의료박물관으로..
역사 상징물이 된 거창교회의 모습까지"

거창 발전 자양분 된 헌신

거창군 거창읍은 여러모로 독특한 곳이다. 어찌 보면 다른 군 지역 도심과 비슷한데, 달리 보면 도시적인 느낌이 꽤 강하다. 지금 번화가는 군청 앞 거창로터리에서 거창전통시장에 이르는 중앙로다. 이 도로에서 한 골목 안으로 들어가면 '거창군 문화거리'란 곳이 있다. 거창읍 원도심으로 옛 번화가다. 2011년 거창군이 도시재생을 위해 의욕적으로 만든 곳인데, 아직은 문화적으로 활성화됐다고 할 정도는 아닌 듯하다. 오랜 가게들이 빠져나간 자리를 네일숍과 미용실이 채우고 있는데, 문화거리라기엔 상업적인 분위기가 더 강하다. 그래도 거창군이 지금도 계속 문화거리 활성화를 위해 애쓰고 있다.

거창근대의료박물관은 문화거리를 대표할 만한 명물이다. 원래는 근대문화유산으로 지정된 옛 자생의원 건물이다. 거창 1호 개인병원이라고 할 수 있는데, 성수현[1922-2008] 원장이 1954년에 건물을 짓고 1958년에 개원했다. 현대건물인 병원동과 입원동, 한옥 건물인 주택동이 완벽하게 남아 있다. 전국에서도 이 정도로 보존이 잘 된 지역 의료시설은 보기 드물 것 같다.

2013년 국가 등록문화재^{근대유산} 제572호로 지정됐고, 2016년 거창군이 근대의료박물관으로 개관했다. 병원동과 주택동을 박물관으로 쓰고 있는데, 각종 의료기기와 약병, 차트함과 의료서적 등 병원에서 쓰던 물건을 그대로 전시했다. 지금 기준으로 앙증맞은 대기실, 진료실, 수술실, 약제실, X-선실 등 내부 공간들을 둘러보는 것도 재밌다.

거창근대의료박물관(옛 자생의원).

거창근대의료박물관(옛 자생의원)의 내부 모습.

성수현 자생의원 원장 생전 진료 모습.

복고 감성 가득한 거창군 문화거리.

　자생의원이 아니라도 문화거리에는 곳곳에 근대의 옷을 걸친 멋진 건물이 많다. 이런 건물 덕분에 요즘 유행하는 레트로^{복고} 감성이 가득한 거리가 꽤 매력적으로 보인다. 자생의원 가까이에 문화거리센터도 있다. 문화거리를 활성화하려고 만든 곳인데, 건물을 제법 잘 지었다. 1층은 사무실, 2층 공간은 주민들 동아리 모임에 활용되고 있다.

　문화거리센터에서 거창 위천 방향으로 가다 보면 하천변에 붉은 벽돌로 된 거창교회가 나온다. 말끔한 겉보기와 달리 거창 지역 기독교 역사가 담긴 유서 깊은 곳이다. 1909년 거창에서 금광업을 하던 분이 처음 사무실에서 예배를 시작했고, 이후 거창읍에 초가집을 구입해 예배당으로 삼았는데, 이 초가집이 거창교회의 시작이었다.

　거창교회는 일제강점기에 신사 참배 거부로 고난을 당하기도 하고, 한국전쟁 중에는 거창고 설립을 지원하기도 한, 거창 근현대사에서 꽤 중요한 역할을 했던 곳이다.

거창교회 앞으로 위천이 흐른다. 이 하천은 거창을 대표하는 물줄기다. 덕유산과 기백산에서 시작해 거창 도심을 가로지른 후 황강으로 합류한다. 도심 위천 강변은 그대로 훌륭한 산책로다. 한가로이 거닐다 보니 어느덧 뉘엿뉘엿 해가 기운다. 가을 햇살을 등진 갈대가 환하게 손을 흔든다.

거창교회.

위천 산책로.

"관람객중 이곳에서 치료받거나
 태어난 분들이 많아… "

변수연 거창근대의료박물관 직원

2020년 10월 20일부터 11월 13일까지 평일 점심
때마다 거창근대의료박물관 정원에선 음악회가 열렸다. 거창군이 힐
링이 필요한 직장인 또는 주민들을 위해 마련한 '정원 음악회'다. 월요
일을 제외한 평일 낮 12시 30분부터 20분 동안 진행됐다.

변수연(40·사진) 거창근대의료박물관 직원은 "주변에서 식사를 한 뒤
짬을 내서 음악회에 오시거나, 지나가다가 음악 소리를 듣고 우연히
오시는 분들이 많다"고 말했다.

거창근대의료박물관은 1954년 개원한 옛 자생의원으로 거창 출신인
변 씨도 이 병원에서 태어났다. 변 씨는 "당시 거창을 포함한 인근 지
역 중 수술실과 입원실이 있는 병원은 드물어 많은 사람이 이용했다"
며 "박물관 관람객에는 돌아가신 어머님이 과거 이곳에서 치료받은 적
이 있다거나 이곳에서 태어났다고 말하는 분들이 많다"고 말했다.

다른 지역에서 살다가 다시 고향에 돌아온 변 씨는 거창에 대해 "다른
지역과 비교해 편의시설이 잘되어있다"고 말했다. "강변로, 공원, 시장,
마트 등이 있고 웬만한 거리는 다 걸어서 이동할 수 있다. 차타고 나
갈 일이 잘 없다.(웃음) 그리고 인심도 좋다. 주변 상점 주인들이 먹을
것이 있으면 나눠 주기도 하고 살갑게 잘해주신다."

"싸고 맛있는 커피와
인심 좋은 어르신 바리스타가 있는 곳."

실버카페 3년 차 이국·장순연 씨

거창군 '실버카페 웃음' 1호점은 지난 2015년 문을 열었다. 이곳 바리스타는 만 60세 이상 어르신이다. 카페 수익금은 노인 일자리사업 운영과 어르신 인건비로 전액 사용된다.

문을 열고 들어서니 향긋한 커피 향기와 바리스타의 따뜻한 미소가 반긴다. "어서 오세요"라고 인사를 건넨 이들은 68세 동갑내기인 이국(오른쪽·사진), 장순연(왼쪽·사진)씨. 3년 차 바리스타다. 카페라테를 주문하며 "오늘은 거리가 한산한 것 같다"고 말하자 이들은 "농번기라, 사과를 딴다고 다들 바빠서 그렇다"고 웃으며 말했다. 거창에서 나고 자란 이들은 "(이곳)사람들이 말수가 적고 억양이 억세지만 인심이 참 좋다"고 말했다. "처음엔 퉁명스럽다고 오해를 많이 한다. 하지만 지내다보면 사람들이 속정이 깊다는 걸 알게 된다. 거창에 살다가 다른 곳으로 가는 사람 중에는 사람들 정이 그리워서 울고 갈 정도다."

"웃음이라는 카페 이름이 너무 좋다"는 이야기를 건네자 이들은 간판을 가리키며 "'웃음'이 할아버지와 할머니가 손을 잡고 있는 모양 같지 않느냐"며 되묻는다. 2000~3000원의 싸고 맛있는 커피와 인심 좋은 어르신 바리스타가 있는 곳. 짧은 대화였지만 그들과 함께한 시간은 오랫동안 여운으로 남았다.

24

하동군 **악양면**

"예술작품으로 물든 하덕마을 골목
오감 일깨우는 매암차박물관 눈길"

가을 끝자락에 앉아
쉬어가는 하루

쉼표는 문장과 낱말에서, 악보에서, 그리고 인생에서 쉼을 제공한다. 이번 하동군 악양면 여행은 일상의 쉼표와 같았다. 올 한 해 별로 한 게 없는데 시나브로 한 해의 끝자락이 왔고 주위를 둘러보니 세상은 붉은빛, 주홍빛, 노란빛으로 물들어 있다. 악양면 풍경은 은은한 차 향기처럼 마음을 편안하게 했고 한 해의 마침표를 잘 찍을 수 있는 에너지를 주었다.

악양면 하면 평사리 최참판댁을 먼저 떠올리는 사람들이 많은데 보석 같은 곳이 숨어 있다.

하덕마을은 풍경을 화폭에 담은 산수화처럼 빼어나다. 악양 십이경 十二景 중 하나다. 예로부터 마을 앞 옥산玉山을 배경으로 펼쳐지는 맑은 안개가 저녁에 지는 햇빛에 청홍색靑紅色이 영롱했다.

현재는 골목마다 예술작품으로 물들었다. 악양의 화가들이 일본군

위안부 피해자인 정서운 어르신을 기리고자 야생차를 주제로 만든 마을 골목 갤러리인 '하덕마을 섬등갤러리'다. 섬등은 육지나 섬처럼 여겨지는 곳을 지칭하는 하동의 지역말이다. 골목 갤러리에는 경계를 아울러 사람과 사람, 삶과 삶이 만나는 공간을 만들겠다는 뜻이 담겼다. 이 밖에도 최참판댁 입구에서부터 하덕마을까지 이어지는 길 곳곳에 '2018 마을미술 프로젝트'로 설치된 다양한 미술작품도 있다. 이 중 빈집에 설치된 이정형 작가의 '비치다'라는 작품이 눈에 띈다. 빈집이 되기 전 이곳은 약방, 구멍가게, 만화방, 나락가마니를 쌓아두었던 창고였다. 다른 지역 벽화마을과 달리 한적하고 작품이 뻔하지 않아 좋다.

하덕마을.

악양초등학교의 풍경은 동심을 불러일으킨다. 이 학교는 1922년 개교했다. 이후 매계·축지초등학교 3개교로 분리했으나 학생 수 감소로 1998~1999년도 다시 악양초등학교로 통합됐다고 한다. 학교 정문 너머 펼쳐진 동그란 운동장과 나이가 꽤 되어 보이는 나무들, 책 읽는 소녀상, 뭐가 좋은지 까르르 웃는 아이들이 정겹다. 돌계단에 앉아 적당히 부는 바람을 맞으며 그 바람에 흩날리는 단풍잎을 보고 있으니 잠들었던 감성 세포가 깨어난다.

악양초등학교.

이럴 땐 따뜻한 차가 필요하다. 매암차문화박물관으로 향했다. 이곳은 매암제다원이 지난 2000년에 개관한 사립박물관이다. 박물관에 따르면 하동에서는 수백 년 전부터 집집마다 차를 만들어 마셨고 열에

매암차문화박물관.

일고여덟 집은 홍차를 만들어 마셨다. 일제강점기에 지은 목조주택을
개조한 곳에는 다구를 전시한 박물관이 있고 그 옆에는 유기농 차를
맛볼 수 있는 매암다방이 있다. 차밭을 배경으로 야외에서 다기를 이
용해 차를 마실 수 있다. 전망과 풍경이 좋아 '풍경 맛집'으로 불린다.
산뜻한 풀꽃향이 가득한 홍차를 한 잔 마시며 차밭 가운데 빨갛게 익
어가는 감나무를 본다. 신선놀음이 따로 없다.

　이어 종착지는 하동에서 지역문화 콘텐츠를 개발하고 문화예술교육

매암차문화박물관에 앉아서 바라본 풍경.

매암차문화박물관 차밭.

을 하는 구름마다. 구름마는 하동으로 귀촌한 예술가들이 함께하는 지리산문화예술사회적협동조합이다. 하동의 다원예술순례, 〈여행그림책〉 출간, 섬진강바람영화제 등 다양한 활동을 하며 지역의 문화를 꽃피운다. 구름마 사무실이 있는 악양생활문화센터 1층에는 악양작은미술관이 있어 전시를 볼 수 있다.

구름마가 만든 책들.

"악양면은 하동 3개 봉우리 한가운데 있어 멋스러운 자연의 맛을 느낄 수 있는 곳"

강동오 매암차문화박물관장

"안 만져서 예쁜 공간."

하동에서 만난 강동오(54·사진) 매암 차문화박물관장은 악양면의 매력을 이렇게 표현했다. 악양면은 하동 토박 이인 강 관장의 표현처럼 개발의 손길 이 닿지 않아 아름다운 자연 풍광이 고스 란히 남아 있는 동네였다. 하동을 대표하는 3개의 봉우리^{형제봉, 칠성봉, 구재} ^봉 한가운데에 둘러싸여 있어 멋스러운 자연의 맛을 느낄 수 있는 곳이 기도 했다.

강 관장은 자신이 태어나고 자란 곳이 악양면 이어서인지 동네에 대한 애정이 남달랐다. 그는 "시간 저 너머의 공간을 연결하는 공간이 악양 면이다"며 "전시관으로 쓰이는 박물관 옆 유물전시관에서 태어난 뒤 줄곧 악양면에서 자랐는데, 악양면은 먼 시공간에서부터 내려온 많은 것들이 고스란히 남아 있는 동네"라고 설명했다.

그가 운영하는 매암차문화박물관 옆에는 푸르스름한 색감이 감도는 차밭이 자리 잡고 있다. 강 관장이 소유한 1만 7520m²^{약 5300평} 규모의 밭이다. 그는 이곳에서 찻집도 운영 중인데, 그 주변으로 보이는 자연 풍광이 시선을 사로잡는다.

자신이 태어나고 자란 지역에서 박물관과 찻집, 차밭을 운영하는 강 관장. 그는 악양면을 이렇게 표현했다. "많은 이야기를 할 수 있지만, 간단하게 말하자면 악양면은 자연스러움을 느낄 수 있게 해주는 곳이다. 자연합일의 공간이 악양면이다."

....

"차 마시는 문화와 아름다운 자연경관이 매력, 예술인들도 많이 사는 지역"

이혜원 사회적협동조합 구름마 대표

문화예술사회적협동조합 구름마를 이끄는 이혜원(51·사진) 대표는 매암차문화박물관에서 차로 5분 정도 떨어진 곳인 악양면 축지리 악양생활문화센터에서 사회적 기업을 운영하고 있다. 그가 이끄는 구름마는 그림 전시공간과 회의시설을 지역민들에게 대여해주거나 목공, 미술, 현대무용, 맵시글캘리그래피 수업 등을 열어 지역민들을 위한 문화예술 사업을 진행하는 협동조합이다.

이 대표는 악양면에 살면서 구름마를 이끌고 있다. 하동 출신이어서 이곳에 터를 잡게 된 건 아니었다. 서울 토박이 출신인 이 대표는 2013년부터 서울과 하동을 오가며 악양면 평사리에 있는 드라마 촬영지 최참판댁에서 지인들과 함께 아트숍을 운영했었다. 그러다 어머니와 함께 하동에 정착했다. 하동에 정착한 건 2017년부터다.

서울에서 태어나 서울에서 인생 대부분을 보낸 이 대표가 느낀 악양면만의 매력은 어떤 점이 있을까. 그는 차 마시는 문화와 아름다운 자연경관을 꼽았다. "차를 마시고 찻잔 자리를 아름답게 꾸미는 문화가 좋았다. 이런 문화는 이곳에 와서 처음 경험했다. 자연경관과 기후도 매력적이다. 예술인들이 많은 사는 지역이라는 점도 장점이다. 행정이 갇혀있고 지역 사람들 간에 작은 갈등이 있긴 하지만 이곳에서의 생활은 만족하고 있다."

하동 악양면 차밭 풍경.

자주봐요 청춘,

여기 회나무

25

📍

남해군 남해읍

- - - - - - - - - - - - - - - - - -

"유배 자료를 전시한 국내 최초 유배문학관,
회나무 아랫길에는 개성 강한 점포들"

마을 지키는 고목 아래
젊은 감성 활기

남해읍은 남해 여행의 시작과 끝이다. 특히 대중교통 여행자라면 더욱 그렇다. 자동차로 노량대교나 남해대교를 통해 남해로 왔다면 남해읍을 지나기 마련이다. 예전이라면 시골 읍에 뭐 볼 게 있느냐 싶었지만, 젊은 층의 귀촌이 늘어난 요즘에는 이야기가 다르다.

도심이 작긴 하지만 개성 있는 동네 카페에서 브랜드 카페까지, 파리에서 제빵을 배운 쉐프가 운영하는 동네 빵집에서 프랜차이즈 빵집, 그리고 수제 맥주 전문점과 남해 특산물과 제철재료가 가득한 퓨전 레스토랑도 있다. 남해전통시장에서는 특산물을 살 수도 있고, 싱싱한 회나 고소한 생선구이 시원한 물메기탕을 먹을 수도 있다. 아담하고 고즈넉한 남해성당은 뜻밖에 가볼 만한 곳이고, 근처 남해향교도 둘러보면 좋다. 특히 남해군청이 참 예쁘다. 군청은 옛 동헌 자리에 그대로 들어서 있다. 조선시대 고지도에도 나오는 큰 느티나무가 아직도

군청 뜰에 살아있는데, 군청 건물과 어우러져 그 운치가 꽤 좋다.

2010년 읍 외곽에 문을 연 남해유배문학관은 유배문학에 관한 자료를 전시해 놓은 국내 최초 전시관이다. 고려시대부터 조선시대까지 유배객들만 180여 명에 달할 정도로 남해는 대표적인 유배지였다. 건물 앞에 달구지를 타고 가는 유배자 조형물이 있고, 그 뒤로 서포 김만중 1637~1692의 청동 좌상과 약천 남구만1629~1711, 소재 이이명1658~1722, 겸재 박성원1697~1767 등 문학비가 책처럼 펼쳐져 있다.

건물 안에는 향토역사실과 유배문학실, 유배체험실 그리고 남해 유배객 6명이 남긴 문학작품과 문학 혼을 만날 수 있는 남해유배문학실이 있다.

남해유배문학관.

남변마을 회화나무.
길상목으로 불리며 예로부터 마을 수호신 노릇을 했다.

　문학관을 둘러봤다면 10분 정도 걸어서 '회나무 아랫길'로 가보자. 남해도립대학 근처에 있다. 이곳은 남해군이 의욕적으로 꾸민 일종의 도시재생 지역이다. 최근 청년상인점포 6곳이 개점하면서 나름 산뜻한 모양새를 갖췄다. 커다란 회화나무가 상징처럼 우뚝한 거리다. 이 나무는 예로부터 길상목吉祥木이라 불리며 마을 수호신 노릇을 했다.

　이 거리가 젊은 거리로 변신한 것은 이곳에 처음 자리를 잡은 둥지싸롱과 절믄나매 덕분이다. 둥지싸롱은 둥지기획단이란 남해 젊은 기획자들이 만든 공간으로 지금도 남해 토속음식 만들기 같은 재밌고 다양한 원데이클래스를 진행한다. 절믄나매는 남해 특산물을 활용해 요리하는 레스토랑이다. 두 공간 덕분에 거리에 활기가 돌자 남해군이 이곳에 본격적으로 '청년상인점포 창업지원사업'을 추진했다. 이 사업으로 카페 판다, 글꽃 아뜰리에, 회나무 양복점, 네코나매, 디저트4 쳥, 미쁘다 같은 개성 있는 가게들이 새로 들어서며 이색적인 거리가 완성됐다.

회나무 아랫길 풍경.

회나무 아랫길 입구 담벼락에 '어서 오시다'란 글자가 선명하다. 어서
오시라는 남해 지역 말이다. 이렇게 거리 주변 남변마을과 죽산마을
일대에 아기자기한 벽화가 있어 사진 찍기에도 좋다.

회나무 아랫길 풍경.

회나무 아랫길 처음 들어선 공간 둥지싸롱.

절은나매 입구.

회나무 아랫길에는 사진찍기 좋은 아기자기한 벽화들이 많다.

"외국 레스토랑 오너 셰프, 귀국 후 고향으로 와 아버지의 일터에서 식당을… "

김진수 절믄나매 대표

요즘 남해읍에 맛집으로 소문이 난 음식점이 있다. 파스타 전문점 '절믄나매'다. 남해읍 남변마을 회나무 아랫길에 있는 이 식당은 남해에서 나고 자란 김진수(32·사진) 대표가 운영하는 곳이다. 지난 2018년 1월 문을 열었다. 공수부대 부사관 출신인 그는 제대 후 싱가폴과 호주, 홍콩, 캐나다 등지에서 요리를 배우며 5년 넘게 지내다 귀국해 고향에서 식당 운영을 시작했다. 남해로 돌아오기 전까진 외국에서 레스토랑 매니저와 오너 셰프로 일했었다.

"원래 한국에 올 생각은 없었는데 아버지가 돌아가시고 어머니가 많이 힘들어하셔서 돌아왔어요. 귀국한 뒤에는 아버지가 운영하던 유리 판매업 매장이 있던 자리에서 장사하고 있어요. 원래는 2년 정도만 여기서 일하고 어느 정도 자리를 잡으면 어머니에게 식당을 내주거나, 다른 사람에게 따로 세를 줄 생각이었어요. 어쩌다 보니 지금까지 오게 됐네요."

그는 남해 출신답게 고향에 대한 애정이 많았다. "잘 다져진 해안도로가 있어요. 자연경관도 아름답고요. 바다와 산이 공존하는 남해는 관광도시로서 가능성이 큰 동네예요."

"지역민과 함께하는 '배움창고' 3년간 참여한 주민 200명이 넘어 "

김맹수 둥지싸롱 대표

젊은나매에서 100m 정도 떨어진 곳엔 부산 출신의 김맹수(52·사진) 씨가 지역민들과 함께 운영하는 둥지싸롱이 자리 잡고 있다. 지난 2015년 9월 문을 연 곳이다. 처음엔 수제 스테이크를 파는 식당으로 시작했는데, 지금은 업종을 바꿔 영어원서 읽기 모임, 생활자수 동아리, 천연염색 체험수업, 쿠킹 및 베이킹 수업 등을 진행하는 문화 공간이 됐다. 지역민들 사이에선 '배움 창고'로 통한다. 그도 그럴 것이 남해에 주소를 둔 지역민들에게 매월 적게는 1만 원에서 많게는 4만 원까지 적은 비용으로 수업과 모임 자리를 제공한다. 지금까지 둥지싸롱이 운영하는 수업과 모임에 참여한 주민은 지난 3년간 200명이 넘는다고 한다.

"서울에서 직장 생활을 하다가 8년 전에 남해로 내려왔어요. 연고가 있어서 온 건 아니었어요. 남해는 여행자 대상으로 하는 프로그램은 많지만, 주민 대상 프로그램은 부족하더라고요. 관공서나 대학에서 진행하는 것들이 트렌드를 따라가지 못하는 한계가 있었어요. 그래서 2019년 10월부터 본격적으로 지역민 대상 모임과 수업을 진행하게 됐어요."

그가 생각하는 남해만의 매력은 뭘까. "남해는 저개발 도시예요. 개발이 안 된 것 자체가 가치가 있죠. 이렇게 개발이 되어 있지 않은 곳은 찾아보기 어려울 겁니다. 남해가 아닌 거제에 조선소가 지어져서 불만을 가진 토착민들이 있지만, 남해만큼은 지금 모습처럼 개발되지 않은 상태로 계속 남아있었으면 좋겠어요."